어린이를 위한
마음챙김 워크북

어린이를 위한
마음챙김 워크북

MINDFULNESS WORKBOOK for KIDS

초등학생용

60+

마음을 차분히 가라앉히고 집중력을 모으는
마음챙김 연습

한나 셔먼(Hannah Sherman) 지음

사마 레바(Sarah Rebar) 그림

김문주 옮김

불광출판사

Mindfulness Workbook for Kids by Hannah Sherman

나와 연구를 함께 하며 호기심과 다정함 넘치는 마음으로

매일매일을 탐험할 수 있게 영감을 안겨준 어린이들,

그리고 우리 모두가 이 세상을 위해 멋진 일들을 하게 이끌어준

셀리아 로즈에게 바칩니다.

차 례

어린이들에게 보내는 편지

안녕! 반가워!

내 이름은 한나야. 뉴욕 브루클린에 있는 학교와 상담소에서 일하지. 매일 나는 어린이 친구들과 함께 일해. 친구들이 힘겨운 상황과 까다로운 기분을 해결할 때 필요한 도구를 만들어낼 수 있게 도와주기 위해서야. 내가 일을 하면서 가장 좋은 건 어린이들에게 마음챙김의 힘을 가르쳐줄 수 있다는 거란다! 마음챙김은 우리가 우리 몸의 안과 밖에서 무슨 일이 일어나고 있는지 알아챌 수 있게 도와주는 연습을 말해. 그리고 우리가 우리의 경험을 밀어내려고 애쓰거나 잘못된 것이라고 생각하는 대신 있는 그대로 받아들이게 도와줘. 마음챙김은 스스로와 주변 사람들에게 더 친절해지는 법도 가르쳐줄 수 있지.

나는 그동안 어린이와 청소년들과 일하면서, 또 나 혼자서 마음챙김 연습을 해왔어. 그러면서 마음챙김이 우리가 도전적인 상황을 이겨내고 버거운 감정을 다스리며 우리의 경험과 주변 세계로부터 교훈을 배울 수 있게 도와준다는 걸 알 수 있었어.

이 워크북은 우리만의 마음챙김 여행을 시작할 수 있게 도와줄 거야! 이 책에는 우리가 우리 자신과 우리를 둘러싼 세계에 더욱 단단하게 연결될 수 있도록 도와줄 마음챙김 연습과 활동이 빼곡하게 담겨 있어. 이 연습과 활동들은 모든 어린이들이 맞닥뜨리게 되는 다양한 경험과 도전들을 호기심과 자비심을 가지고 대하는 방법을 배울 수 있게 도와줄 거란다. 나는 이 워크북이 여러분에게 곰곰이 생각하고 한 뼘 자라나며 배울 수 있는 기회를 안겨주길 바라.

이 워크북에 있는 활동들을 해나가면서 여러분은 여러분의 감정과 생각, 행동들에 좀 더 귀를 기울이게 될 거야. 기분 좋게 하루를 시작하고, 까다로운 감정을 헤쳐 나가고, 더 현명한 결정을 할 수 있게 도와주는 마음챙김의 도구도 배우게 될 거란다. 그리고 이 마음챙김의 도구는 여러분이 마음을 집중하고, 걱정거리에 맞서고, 자기 자신과 다른 사람들에게 친절하게 행동하면서 행복한 기분으로 하루를 마무리할 수 있게 도와줄 수도 있어.

첫 번째 장부터 읽기 시작하는 게 중요해. 마음챙김이 어떻게 힘을 발휘하고 어떻게 우리를 도와주는지 보여주거든. 그다음에는 처음부터 끝까지 워크북을 쭉 이어서 읽을 수도 있고, 아니면 재미있어 보이는 부분만 골라서 군데군데 읽어봐도 좋아. 학교에서 좀 더 집중력을 발휘하고 싶다고? 제3장으로 바로 가보렴. 걱정거리를 다루는 방법을 배우고 싶다면, 제5장으로 가봐. 이건 여러분의 여행이고, 이 책은 그 여정에서 여러분을 이끌어줄 도우미가 되어주려고 여기 기다리고 있어. 준비됐니? 시작해보자!

어른들에게 보내는 글

부모님과 선생님들, 환영합니다!

여러분의 자녀들과 학생들이 저마다의 마음챙김 여행을 시작하게 된다니 마음이 두근두근합니다! 그나저나, 마음챙김이란 무슨 뜻일까요? 마음챙김은 우리 내면의 경험과 외부의 경험에 아무런 잣대도 대지 않고 있는 그대로 의식한다는 의미입니다. 저는 어린이들과 청소년들과 함께 처음 임상연구를 시작하면서, 치유와 성장으로 이어지는 길로서 마음챙김이 지닌 어마어마한 가치를 발견하게 됐습니다. 오늘날 저는 어린이들과 그 가족들이 일상 속에서 마음챙김을 바탕으로 하는 연습들을 할 수 있게 돕는 일에 가장 큰 열정을 쏟고 있습니다.

저는 정신건강상담소와 학교, 개인진료소를 포함해 다양한 환경 속에서 제 연구를 발전시켜 나가면서 아이들의 삶에 마음챙김이 미치는 여러 이점을 지켜볼 수 있었습니다. 마음챙김은 어린이들이 자기 자신과 자신을 둘러싼 세계에 대해 가지는 타고난 호기심들을 지지하고 칭찬해줍니다. 청소년들이 누릴 수 있는 마음챙김의 이점을 적은 목록은 한층 더 길어질 수밖에 없어요. 집중력이 개선되고, 스스로를 조절하는 능력은 더욱 커지며, 자아에 대한 긍정적인 감각을 발달시킬 수 있답니다. 이러한 이점들은 모두 ADHD, 우울증, 그리고 불안장애 등 어린이들이 가장 흔히 경험하는 정신건강적인 문제의 증상들에 대처하게 도와주지요. 전반적으로 마음챙김은 어린이들이 자기 몸과 긍정적인 관계를 맺고, 자기 마음으로부터 큰 힘을 부여받은 것처럼 느끼게 도와줍니다.

이 워크북은 8세에서 12세 사이의 어린이들에게 마음챙김과 이를 실천할 수 있는 여러 다양한 방법들을 소개합니다. 이 책을 읽어보면 아이들이 자신의 감정을 이해하고 집중력을 발휘하며 까다로운 감정을 다스리는 한편, 점차 어려워지는 상황에서도 차분함을 잃지 않으면서 스스로와 다른 사람들에게 친절해질 수 있는 연습 62가지를 만나볼 수 있습니다. 어린이들과 함께 읽어보고 그 과정에서 배운 것들을 함께 해보자고 청해주시길 적극 부탁드립니다! 이러한 연습 중에서 여러분이 소중한 아이들과 연결되고 이들의 마음챙김 여정을 응원할 수 있는 멋진 방법이 될 거예요.

제 1 장

마음챙김의
준비물

우리들의 마음챙김 여행에 온 걸 환영해! 이번 장에서 우리는 마

음챙김에 대해 배우게 될 거야. 마음챙김이 무엇인지, 왜 도움이

되는지, 그리고 연습하려면 어떻게 사용하면 되는지도 알게 되겠

지. 우리는 숨결과 몸, 그리고 우리를 둘러싼 세계에 귀를 기울이

기 위해 감각을 사용하게 될 거야.

마음챙김이란 무엇일까?

마음챙김은 우리가 몸의 안과 밖에서 무슨 일이 벌어지고 있는지 알 수 있게 도와준다. 마음챙김은 지금 이 순간 우리가 무엇을 경험하는지 깨닫고, 그 경험을 밀어내려고 애를 쓰거나 잘못된 것이라고 생각하는 대신에 있는 그대로 받아들인다는 의미야. 마음챙김은 우리가 스스로와 주변 사람들에게 더욱 친절해질 수 있게 도와줄 수도 있어. 우리는 호흡 연습이나 명상, 운동, 그리고 미술 활동처럼 아주 다양한 방법들로 마음챙김을 탐색해볼 수 있을 거야.

　　가끔 우리는 '마음챙김'이라는 말을 들을 때 차분하고 느긋해지는 기분을 떠올리게 되지. 마음챙김은 확실히 우리가 이런 식으로 느끼도록 도와줘! 하지만 마음챙김은 실천, 그러니까 진짜로 행동으로 옮기는 것임을 기억하는 게 중요하단다. 이건 뭔가 우리가 알아채고 있는 상태, 다시 말해서 '인식'을 가지고 행동하는 일이거든. 마음챙김은 기분도 아니고 뭔가가 되기 위한 방법도 아니야. 우리는 언제나 스스로의 경험, 그리고 우리를 둘러싼 세계에 대해 조금 더 마음을 기울이거나 알아챌 수 있어. 이렇듯 마음챙김에서 중요한 건 앞으로 한 걸음 나아가는 거야. 고수가 되거나 슈퍼챔피언이 되려는 게 아니라고! 마음챙김은 경주나 시합이 아니야. 중요한 건 다양한 연습을 해보고 어떤 것이 내게 효과가 있는지 찾아내는 거란다.

마음챙김은 큰 도움이 될 거야!

어쩌면 머릿속에 '그런데 내가 왜 마음챙김에 관심을 가져야 해?'라는 생각이 떠오를 수도 있어. 우선 처음으로, 마음챙김은 나 자신의 이야기를 더 쉽게 들을 수 있게 해줘. 마음챙김을 활용하면 내 마음과 몸이 무슨 이야기를 하고 싶은지 더 잘 들을 수 있게 될 거야. 이건 여러 가지로 도움이 되지!

　　마음챙김은 우리가 우리 자신에게, 그리고 친구와 가족 같은 다른 사람들에게 친절해질 수 있게 도와줘. 자신감을 얻고 내가 누구인지에 대해 만족할 수 있게 도와주기도 하지. 그리고 여러 다양한 기분과 경험을 마주할 때, 심지어 아주 어려운 상황에서라도 어떻게 반응할지 조절할 수 있게 도와주기도 해. 약이 오를 땐 잠깐 멈춰서 숨을 고를 수 있게 해주고, 슬픈 마음이 들 땐 친구에게 하고 싶은 말이 무엇인지 생각할 수 있게 도와줘. 그렇게 되면 문제를 해결하기도, 또 나중에 후회하게 될 선택 대신 현명한 선택을 하기도 더 쉬워질 거야.

　　마음챙김은 우리가 산뜻하게 하루를 시작할 수 있게 도와줘. 그리고 잔잔한 마음으로 밤에 푹 잘 수 있게 도와주지. 마음챙김은 종일 우리를 도와준다!

마음챙김으로 접속!

다음에 나오는 이야기는 집과 학교에서 매일 일어날 수 있는 일들이야. 이러한 상황을 각각 얼마나 자주 경험하는지 표시해보렴.(솔직해지는 걸 겁낼 필요 없어. 여기선 점수 따윈 매기지 않는다고!)

1. 어떤 책을 한 장 읽고 난 다음에 내가 방금 뭘 읽었는지 기억이 안나.

항상 그래　　　　**가끔 그래**　　　　**전혀 그렇지 않아**

2. 교실에서 선생님이 지시를 하면 무엇을 해야 할지 모르겠어. 왜냐하면 딴생각을 하고 있었거든.

항상 그래　　　　**가끔 그래**　　　　**전혀 그렇지 않아**

3. 가끔은 슬프거나 화가 나는 기분을 마음속에 꽁꽁 감춰. 그러한 감정을 피하려고 애쓰고 있기 때문이야.

항상 그래　　　　**가끔 그래**　　　　**전혀 그렇지 않아**

4. 한 과제에서 다른 과제로 빨리빨리 옮겨가. 처음의 과제를 마치지도 않고 그럴 때도 자주 있어.

항상 그래　　　　**가끔 그래**　　　　**전혀 그렇지 않아**

5. 정말 화가 나거나 실망할 때면 생각 없이 막말을 내뱉거나 소리를 질러.

항상 그래　　　　**가끔 그래**　　　　**전혀 그렇지 않아**

6. 친구가 내게 무슨 이야기를 할 때 그 말을 끊어버려.

항상 그래　　　　**가끔 그래**　　　　**전혀 그렇지 않아**

7. 과거에 일어났던 일이나 미래에 일어날 일을 생각하느라 대부분의 시간을 보내.

항상 그래　　　　**가끔 그래**　　　　**전혀 그렇지 않아**

잠시 시간을 들여 질문들을 살펴보고 뭐라고 답할지 생각해보자.
네가 한 대답 때문에 놀랐니? 너 자신에 대해 뭔가를 알아차리게 됐어?
마음챙김은 여기에서 표현하는 모든 상황에서 도움을 줄 수 있어.
마음챙김의 여행을 하는 동안 원할 때마다 자기 자신과 접속하는 방법인 이 연습을
다시 해 봐.(힌트 : 이러한 상황들이 덜 벌어질수록 더 많은 마음챙김의 인식을 경험하고 있는 거란다!)

언제든, 어디서든 마음을 챙겨보자

마음챙김은 어느 순간에나 우리가 사용할 수 있는 마법의 힘 같은 거야. 언제, 어떻게 사용할 것인지만 선택하면 돼!

우리는 내면적으로, 혹은 몸 안에서 무슨 일이 벌어지는지 마음챙김을 할 수 있어. 여기에는 우리의 생각과 숨, 몸이 포함되지. 그리고 외부적으로, 또는 몸 밖에서 무슨 일이 벌어지고 있는지도 마음챙김 할 수 있어. 이런 것들이 우리의 주변 환경에서 벌어지는 일이야.

이제 재미있는 이야기를 해줄게. 우리는 아주 다양한 방법으로 이 모든 것들에 대해 마음챙김을 연습할 수 있다는 거지! 명상(깊게 집중하며 생각하기)이나 반성(생각하며 조용한 시간 가지기)을 통해서 마음챙김을 탐구할 수 있어. 몸의 움직임이나 미술을 통해서도 마음챙김을 탐색할 수 있지. 아마도 가장 중요한 건, 잠시 짬을 내어 우리의 안과 밖에서 무슨 일이 일어나는지에 대해 관심을 기울이는 것만으로도 마음챙김을 연습할 수 있다는 거야.

이 워크북은 여러 가지 마음챙김 활동을 다양하게 소개해줄 거야. 한 번 모두 다 시도해 봐! 그 후엔 가장 재미있으면서 가장 도움이 됐다고 깨닫게 된 활동을 반복해볼 수 있으니까.

우리의 생각

자기 자신의 생각에 관심을 기울여본 적 있니? 우리의 생각이 바닷가에 밀려드는 파도 같은 것이라고 상상해 봐. 생각은 왔다가 가버려. 어떤 생각은 크고 강력하지만, 또 다른 생각은 작고 잔잔하지. 어떤 생각은 시끄럽고 다른 모든 것들을 휩쓸어가지만, 또 어떤 생각은 귀에 들리지 않을 정도로 조용해. 우리가 혼자 있거나 하는 어떤 시간에는 쉽게 생각에 관심을 기울일 수 있을 거야. 하지만 친구들과 어울려 시간을 보낸다거나 하는 그 밖의 시간에는 생각들에 주의를 기울이기가 어려울지도 몰라.

우리 모두는 긍정적인 생각과 부정적인 생각을 포함해서 다양한 생각들을 경험해. 생각은 흔히 여러 가지 감정들과 연결되지. 생각에 귀를 기울이는 것은 어떤 생각이 특정한 감정과 사건에 연결되어 있는지 이해하는 데에 도움이 된단다. 하지만 조심할 필요는 있어. 가끔 우리의 생각이 반드시 진실만 이야기해주는 건 아니거든. 여기 필라의 이야기를 한번 들어 봐봐.

필라는 친구와 말다툼을 한 뒤 자신이 슬퍼졌다는 것을 깨달았다. 잠시 자기 생각에 관심을 기울인 뒤 필라는 "아무도 내게 신경을 쓰지 않아."라는 생각이 끊임없이 머릿속에 떠오른다는 것을 알아차렸다. 필라는 이것이 부정적인 생각임을 알아보았다. 일단 생각을 구분할 수 있게 되자 그 생각은 더 이상 그다지 큰 힘을 발휘하지 않게 됐다. 필라는 그 생각이 진실이 아니라는 점도 알아챘다. 자기가 부정적인 방향으로 생각을 하고 있음을 깨달을 때마다 필라는 스스로에게 이렇게 물었다. "바로 지금 나는 너무 서둘러 중요한 결론을 내려버린 걸까? 일이 일어난 상황을 다르게 볼 수는 없을까?" 스스로의 생각을 구분하고 바라보는 시선을 바꾸는 일은 필라가 자기 생각을 이해하는 데에 도움이 됐고, 친구와의 싸움을 교훈적인 경험으로 뒤바꿔버렸다.

거친 파도 잔잔한 파도

잠시 시간을 내어 두 눈을 감아보자. 네 마음에 집중력을 모아봐. 어떤 생각들이 관심을 사로잡니? 바닷가에 밀려드는 거친 파도처럼 커다랗고 강력한 생각이니? 아니면 잔잔한 파도처럼 작고 조용한 생각이니?

관심을 기울인 생각들을 다음의 그림 밑에 써보자.

거친 파도 | **잔잔한 파도**

우리의 숨결

마음챙김 할 수 있게 해주는 가장 효과적인 방법 중 하나는 숨쉬기야. 우리의 몸은 아주 여러 가지 방법으로 숨을 쉰단다. 예를 들어, 우리의 숨은 빠르고 얕을 수도 있고, 아니면 느리고 깊을 수도 있어. 자기가 어떤 숨을 쉬는지 아는 건, 스스로 무엇을 느끼고 어떤 게 필요할지에 관심을 기울이게 도와줘. 숨을 쉬고 있는 방법은 우리가 어떻게 몸으로, 마음으로 느끼고 있는지 이야기해주지.

오티스는 자기가 불안을 느낄 때면 입을 통해 정말 빠르게 숨을 들이마시고 뱉는다는 것을 눈치 챘다. 마치 방금 달리기 경주를 마쳐서 더 많은 공기를 들이마셔야 하는 것 같았다. 오티스는 이런 일이 벌어질 때면 숨쉬기를 조절하기가 정말 어렵다는 것을 깨달았다. 오티스는 불안함을 느낄 때 자기 숨에 관심을 기울여야겠다고 결심했다. 이렇게 하기 위해 넷까지 세면서 코로 숨을 들이쉬고, 그다음에는 넷까지 세면서 입으로 숨을 내쉰다. 이 방법을 여러 번 하고 또 하면 오티스가 숨쉬기를 조절하고 마음을 가라앉히는 데에 도움이 된다.

호흡을 느껴봐

한 손을 배 위에 올리고 다른 한 손은 가슴 위에 올리고 시작해보자. 잠시 시간을 들여서 숨쉬기에 관심을 기울여봐. 하지만 그걸 바꾸려고 애쓸 필요는 없어. 몸에서 네 숨결을 느낄 수 있니? 숨을 들이마실 때면 어디서 숨이 느껴지니? 숨을 내쉴 때면 어디서 숨이 느껴지니? 바로 지금 네 숨결을 설명하는 단어에 모두 동그라미를 쳐보렴.

얕다

쉽다

깊다

어렵다

묵직하다

빠르다

가볍다

느리다

우리의 몸

우리는 우리의 생각과 숨에 마음을 챙기는 법을 연습해봤어. 그렇게 하면 자신의 경험과 기분을 더욱 잘 이해하는 데에 도움이 되지. 이제 우리는 우리 몸 전체에 마음챙김을 한다는 게 무슨 의미인지 살펴볼 거야. 마음과 몸을 연결하는 일은 우리의 생각과 기분, 행동이 모두 연결되어 있다는 것을 다시금 떠올리게 해줘.

우리의 몸을 알아챈다는 건 몸이 어떻게 느끼는지에 관심을 기울인다는 의미야. 우리가 행복하다고 느낄 때, 우리 몸은 침착하게 집중한다고 느낄 수 있어. 좌절감을 느낄 때 우리 몸은 분주하거나 산만하게 느낄 수도 있고, 갑자기 움직일 수도 있지. 우리 몸이 보내는 다양한 신호에 마음을 챙겨본다면 어떤 기분을 느끼는지 더욱 잘 알아챌 수 있게 된단다. 그리고 알아채는 일을 더 잘하게 된다면 스스로를 더욱 잘 보살필 수 있게 될 거야.

내 몸은 어떻게 느낄까?

이 활동은 몸을 훑어보는 연습인데, 몸의 서로 다른 부위에서 오는 감각들에 관심을 기울일 수 있게 도와줄 수 있어. 몸을 훑어보는 일은 나의 몸이 어떻게 느끼는지 접속해볼 수 있게 해주지. 우선 발과 발가락에 관심을 모아보는 데에서 시작해보자. 그곳에 집중해보렴. 발과 발가락이 지금 이 순간 어떻게 느끼고 있을까? 몸에서 느껴지는 감각이 뭔지 알아차릴 수 있니? 예를 들어, 발이 차갑게 느껴지거나 따뜻하게 느껴져? 바닥을 단단히 밟고 있는 두 발을 느낄 수 있는지 한번 보렴. 그다음으로, 관심을 한번 다리 쪽으로 옮겨보자. 두 다리가 어떻게 느껴지니? 주변을 돌아다니고 있니, 아니면 제자리에 가만히 서서 차분하게 있니? 이제 배로 관심을 옮겨볼게. 배는 어떻게 느껴져? 배고파? 아니면, 배불러? 두 손과 두 팔로 관심을 옮겨보자. 손이 어디에 머물러 있는지 한번 봐봐. 몸 옆으로 딱 붙인 두 팔의 무게를 느껴봐. 다음으로, 등과 가슴, 어깨에 관심을 가져보자. 느긋한 기분이거나, 아니면 긴장으로 뻣뻣해진 기분이야? 등을 꼿꼿이 세우고 당당히 앉아 있니, 아니면 몸을 숙이고 구부정하게 앉아 있니? 우리 계속해보자. 이번에는 머리 꼭대기까지 관심을 쭉 끌어가 봐. 머리가 가볍게, 또는 무겁게 느껴져? 머리끝에서 발끝까지, 몸이 바쁘다고 느껴지니, 아니면 차분하게 느껴지니?

> 색깔도 칠하고 글자도 써가면서, 우리 몸이 바로 이 순간 어떻게 느끼는지 표현해보고 말해보자.

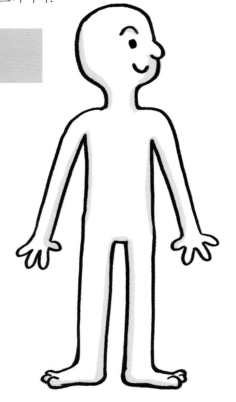

우리의 환경

편의점이나 친구네 집까지 걸어가다가 목적지에 도착했을 때, 가는 내내 주변에서 무슨 일이 벌어지는지 전혀 눈치 채지 못하고 걸었다는 것을 깨달은 적 있니? 마음이 딴 데 가 있어서 어떻게 거기까지 가게 됐는지 거의 기억이 나지 않는 거야!

마음챙김은 우리가 우리 자신과 더 깊고 튼튼하게 연결될 수 있도록 도와줘. 그뿐 아니라 우리를 둘러싼 세계에 좀 더 단단히 연결되어 있다고 느낄 수 있게 도와줄 수도 있어. 가장 중요한 점은, 마음챙김 덕에 우리는 이 세상을 누비는 여행에 감사해야 함을 다시 한번 떠올리게 된다는 거야.

다섯 가지 감각에 주의력을 더 모은다면 우리가 주위환경과의 연결을 유지하는 데에 도움이 된단다.(다섯 가지 감각이 뭔지 기억나니? 만지고, 보고, 듣고, 냄새 맡고, 맛보는 거야.) 자기 감각을 더욱 잘 알아차린다면, 환경에 더욱 집중을 잘 할 수 있고, 또 주변에서 무슨 일이 벌어지고 있는지 눈치 챌 수 있단다. 예를 들어, 학교 가는 길에 우리 곁을 지나가는 차 소리를 듣거나 강아지를 산책시키는 어떤 사람을 볼 수도 있다는 거지.

3-2-1 : 네 감각에 주파수를 맞춰봐

이 활동을 시작하려면, 우선 바로 지금 네가 있는 환경을 이해해야 해. 주변에서 무엇이 보이는지 관심을 기울여봐. 그다음에는, 네 귀에 들리는 아무 소리에나 관심을 가져보렴. 가까운 곳에서 들리는 소리도 좋고, 저 멀리서 들리는 소리도 좋아. 마지막으로, 지금 이 순간 네가 만지거나 느끼는 것에 신경을 쏟아봐. 네 발밑으로 땅을 느낄 수 있니? 네가 앉은 의자, 아니면 네 몸에 걸친 옷을 느낄 수 있니?

바로 지금 보고 있는 것 세(3) 가지를 써보자.

바로 지금 귀에 들리는 것 두(2) 가지를 써보자.

바로 지금 만지는 것 한(1) 가지를 써보자.

이제는 다 같이 해볼 차례!

이제 마음챙김을 써볼 수 있는 다양한 방법들을 모두 알게 됐어. 하지만 항상 그 연습들을 모두 사용할 필요는 없단다! 우리는 어떤 연습을 사용하고, 또 언제 사용할 건지 선택할 수 있어. 마음챙김은 우리가 언제든 사용할 수 있는 도구란다. 집에서, 학교에서, 혼자 있을 때나 다른 사람들과 함께 있을 때도 마음챙김을 할 수 있어. 마음챙김을 활용하려면 온갖 다양한 방법들을 탐색해보는 것도 좋아. 그렇게 해보면 어떤 연습이 가장 도움이 되는지 알아낼 수 있거든.

어느 순간에 어떤 마음챙김 연습이 필요한지 어떻게 알 수 있을까? 그 연습이 무엇인지 알아낼 수 있는 좋은 방법 하나는 다음과 같은 질문을 스스로에게 해보는 거야. "바로 지금 나는 무엇을 해야 하지?" 예를 들어, 학교에서 몸은 분주하게 움직이는 느낌이지만 수업 시간에 집중하기 어렵다는 걸 알아차렸을 때, 호흡 연습을 한번 해보자. 아침에 잠이 덜 깬 느낌이라는 걸 깨달았다면, 몸이 깨어날 수 있는 움직임이 포함된 연습을 한번 활용해보자. 종일 마음챙김을 써볼 수 있는 여러 가지 방법들을 모두 알고 있을 때 온종일 스스로를 잘 돌봐줄 준비가 된 거란다!

내 마음챙김 도구 상자

이번 장에서 배우고 해봤던 모든 것들을 떠올려보자. 우리는 커다란 생각과 작은 생각에 관심을 기울이는 법을 배웠고, 또 몸에서 숨결을 느끼는 법도 배웠어. 온몸을 훑어보기도 했고, 또 감각에 주파수를 맞춰보기도 했지. 지금까지 어떤 연습이 가장 좋았어? 어떤 연습이 가장 도움이 되는 것 같아? 그 이유는 뭐지? 네 대답을 아래에 한번 써보자.

아침에 일어나고, 학교에 가고, 시험을 보고, 친구나 형제와 말을 하고, 게임을 하고, 또 잠자리에 들 채비를 하는 것처럼 우리가 매일매일 하는 일들을 떠올려보렴. 그러한 일을 할 때 마음챙김이 도움이 된다고 생각하니? 어떤 마음챙김이 그럴까? 예를 들어, 학교에서 네 감각에 주파수를 맞추면 수업 시간에 공부를 할 때 차분하게 집중하는 데에 도움이 될 수 있어. 아마도 밤에 숨쉬기 연습을 해본다면 긴장을 풀고 잠을 청하기가 수월해질 수도 있지. 마음챙김이 우리를 도와줄 거라 생각되는 상황을 써보렴.

하루를 보내면서 언제 마음챙김을 사용할 수 있을지 생각해보자. 다음의 빈칸에 네가
가장 좋아하는 마음챙김 연습이 뭔지 써봐.

– 아침

– 학교에서

– 저녁

우리의 마음챙김 연습

우리의 마음챙김 연습은 꼭 재미있어야 해! 숙제 같아서는 안 된다고! 이 연습은 우리를 도와줘야 하거든. 마음챙김은 이것저것을 살피고 호기심을 가지는 게 가장 중요해. 운동을 한다거나 악기를 연주하는 것 같은 여러 활동들처럼, 마음챙김은 더 많이 연습할수록 더 잘하게 될 거야. 그리고 마음챙김을 더 잘하게 되면 매일매일의 생활에서 구석구석에 더 쉽게 관심을 기울일 수 있을 거야. 아마도 마음챙김 연습에서 알아야 할 가장 중요한 건, 어떤 연습을 사용할 거고 언제 사용할 것인지 정하는 게 오롯이 자기 자신의 몫이라는 거겠지.

이 책은 우리가 마음챙김을 규칙적으로 사용하는 법을 배울 수 있게 도와주려고 해. 우리가 하루 시간표를 돌아보고 날마다 언제 마음챙김 연습을 끼워 넣을 수 있을지 생각해볼 때도 유용하지. 아침이나 저녁에 마음챙김 연습을 해볼 만한 시간을 조금 남겨놓을 수 있겠니? 학교에 있는 동안에는 어때? 매일 딱 1분에서 3분 동안만 마음챙김 연습을 해도 어마어마한 변화를 일으킬 수 있어. 아주 시시하게 시작해도 괜찮아. 중요한 건 시작하는 거니까!

이 책을 구석구석 잘 탐험해본다면 마음챙김이 아주 다양한 경험에 도움이 될 거라고 깨닫게 될 거야. 여기에는 하루를 보낼 준비가 됐다고 느끼는 경험, 집중을 쏟는 경험, 자기 기분을 이해하는 경험, 걱정을 다스리는 경험, 현명한 결정을 내리는 경험, 온화하게 지내는 경험, 그리고 하루를 마무리할 때 차분해지는 경험이 있지.

우리에겐 탐험할 거리가 아주 많아 ─ 그러니까 한번 출발해보자!

제 2 장

새로운 하루
준비하기

마음챙김은 우리가 좋은 기운으로 하루를 시작할 수 있게 도와준
단다. 두 발을 땅에 단단히 딛는 듯한 안정감과 차분함을 느끼고,
또 새로운 경험을 기대할 수 있지. 가끔 힘겨운 한 주를 보내고 있
거나, 그저 에너지를 뿜뿜 올려줄 한 방이 필요할 때, 마음챙김은
새로운 하루가 주는 힘을 기억하게 도와준단다. 매일매일을 상큼
하게 시작할 수 있는 기회가 되지. 아침에 마음챙김 연습을 할 수
있게 몇 분만 내어준다면 느긋한 기분을 느끼는 데에 도움이 될
거야. 이 장에서 우리는 제자리로 돌아와서 준비됐다는 기분을
느끼고, 활짝 열린 정신과 마음으로 새로운 활동을 할 채비를 도
와줄 연습들을 다양하게 탐구해볼 거란다.

자신의 하루에 자신감 느끼기

여름이 저물어가던 어느 날, 나디아는 새로운 학교에서 맞이하게 될 첫날이 두렵고도 기대됐다. 마음속으로 나디아는 잘못 꼬여버릴 수도 있는 모든 일들을 생각하고 있었다. '친구를 사귀지 못하면 어쩌지?'와 '선생님이 별로면 어쩌지?'라는 물음이 계속 떠올랐고, 이러한 생각들이 머릿속을 가득 채우고 있어서 재미있는 활동에 집중할 수가 없었다. 몸은 벌벌 떨렸고, 종일 가슴이 두근두근했다. 나디아는 잠자리에 들어야 할 시간에도 머릿속에서 생각들이 휘몰아치고 몸이 부대끼다 보니 쉽게 잠이 들 수가 없었다.

전학 날 아침, 나디아는 침대에서 벌떡 일어났다. 나디아는 자기 심장이 빠르게 두근거리는 것을 알아채고 침대에 앉았다. 깊은 숨을 세 번 들이마시자 숨을 쉬는 속도를 천천히 늦출 수 있었다. 나디아는 몸속에서 무슨 일이 벌어지고 있는지에 관심을 기울였기 때문에 자신의 생각도 알아챌 수 있었다. 나디아는 일기를 써야겠다고 마음먹고, 마음을 차분히 가라앉히기 위해 할 수 있는 다섯 가지 일을 적어 내려갔다. 나디아는 오늘 하루 무슨 일이 벌어지든 간에 스스로를 어떻게 돌볼 것인지는 자기 손에 달렸다는 것을 잊지 않기 위해 이 마음챙김 연습을 사용했다.

스스로와 접속하고, 숨을 쉬고, 곰곰이 생각하기 위한 마음챙김의 시간을 보낸 뒤, 나디아는 지난 일주일 동안 느꼈던 것보다 더 든든하고 안정된 기분이 들었다. 학교에서 보낼 첫 날을 생각하면 아직은 조금 무서웠지만, 기대도 되고 예전처럼 감정에 휘둘리지 않으면서 이 새로운 경험할 준비가 된 것이다.

마음챙김은 우리 앞에 펼쳐질 하루를 차분하고 자신 있게 보낼 수 있다고 느끼게 해줘. 학교에 가든, 운동을 하든, 아니면 새로운 친구를 만나든 간에 잠깐 나 자신에게 접속해보는 시간을 가지는 건 언제나 도움이 되거든. 자기 자신에게 이렇게 물어보자. "지금 나는 어떻게 해야 제대로 하는 거지? 무엇에 관심을 기울여야 하지?" 수많은 마음챙김 연습들은 우리가 안정적이고 단단하며 집중하는 상태를 유지할 수 있게 도와줄 거야. 그러는 동안 우리는 지금 이 순간에, 그리고 우리가 경험하고 있는 것에 계속 연결되어 있는 거지.

기분으로 접속!

오늘 기분이 어떠니? 지금 네가 어떤 기분인지 묘사하는 모든 단어에 동그라미 쳐보자.

슬퍼

행복해

질투가 나

화가 나

걱정이야

자랑스러워

불안해

차분한 느낌

불만이 있어

짜증나

기대된다

외로워

버거워

궁금해

즐겁다 즐거워

피곤피곤

나는 뭘 이루고 싶은 걸까?

잠시 동안 미래의 목표와 희망, 꿈에 대해 찬찬히 생각해보자. 그리고 아래에 기록해보자.

오늘 나는 이렇게 되길 바라.

1년 내에 나는 이렇게 되길 바라.

5년 내에 나는 이렇게 되길 바라.

이제 두 눈을 감아봐. 이러한 목표와 희망, 꿈을 이루는 미래의 네 모습을 생각해볼 때
어떤 색깔과 감각, 기분이 떠오르니? 마음속에 보이는 대로 그려보자.

호기심 창고

마음을 챙긴다는 건 주변에서 벌어지는 일에 호기심을 가지는 거야. 호기심은 우리가 새로운 경험을 반가워하고 있는 그대로 받아들일 수 있게 해줘. 호기심을 가진다는 건 정확히 무슨 뜻일까? 호기심은 세상에 대해 궁금해 하고 또 그에 대해 더 배우기를 원하는 걸 의미해. 호기심은 우리가 사람과 상황으로부터 교훈을 얻을 수 있게 격려해줘. 사람은 언제나 바뀌는데, 호기심은 우리가 자라나는 모든 방법에 계속 정신을 차리고 있게 도와준단다.

> 잠깐 동안 머릿속에 떠올려보자. 세상에 대해서는 어떤 점이 궁금하니?
> 다른 사람들에 관해서는 어떤 점이 궁금하니? 너 자신에 대해서는 뭐가 궁금하니?
> 네가 지닌 모든 호기심을 아래에 써보자.

세상 :

다른 사람들 :

나 자신 :

자신감 유지하기

우리가 스스로 목표를 세우고 어떤 점이 자랑스러운지 기억한다면 아침부터 저녁까지 계속 자신감을 느끼는 데에 도움이 되지. 자신감을 유지하는 또 다른 방법은 스스로를 돌보는 거야. 그러기 위해서는 친구와 수다를 떨거나, 미술 활동을 하거나, 게임을 하는 것처럼 네가 안정감을 느끼며 행복해질 수 있는 활동들을 할 시간을 가지는 게 필요해.

오늘 네가 몸과 마음을 돌볼 수 있는 다양한 방법들을 생각해보자.

내가 스스로 세운 세 가지 목표 :

나 자신에 대해 자랑스러운 점 :

나를 기분 좋게 만드는 활동 :

오늘 나는 이렇게 내 몸을 돌볼 거야 :

내 몸아, 일어나!

이 마음챙김 연습은 우리 몸을 깨우기 위해 숨쉬기와 움직임을 사용해보는 거야. 그리고 하루를 시작하기에 앞서서, 우리가 어떻게 느끼고 있는지 들여다볼 수 있게 해준단다. 아침에 일어나자마자, 아니면 학교에 가려고 집을 나서기 전에 이 연습을 해보면 좋아.

우선, 나 자신과 접속하는 시간을 가져보자. 지금 이 순간 어떻게 느끼고 있니?

의자에 앉거나 바닥에 앉아보자. 이 연습을 하는 동안에는 눈을 계속 뜨고 있으려고 노력해야 해. 앞에 있는 바닥의 한 점을 뚫어지게 바라봐봐. 그 시선을 계속 유지해보렴. 이제, 부드럽게 몸을 깨우기 시작해보자. 천천히 목을 한쪽으로 돌리고, 다시 다른 방향으로 돌려봐. 이 운동을 세 번 반복하는 거야. 그다음으로는 두 어깨를 귀까지 끌어올린 다음, 등 쪽을 향해 쭉 펴면서 내려보자. 그러고 나면 한쪽 어깨를 원을 그리듯 세 번 돌려. 그러고 나면 반대쪽 어깨도 세 번 돌리는 거지. 이제 등을 정말 똑바로 펴고 숨쉬기에 주의를 기울여보자. 심호흡을 세 번 해봐. 코를 통해 공기를 들이마시고 입을 통해 내뱉는 거지. 숨을 들이쉴 때마다 머리 위로 두 팔을 쭉 올려서 양손이 맞닿게 해봐. 눈앞의 공간에 해가 떠오르는 모습을 그리는 것처럼 하는 거야. 숨을 내쉴 때는 팔을 천천히 제자리로 돌려보내렴. 이 동작을 세 번 해보자. 몸이 어떻게 느끼는지 주목해.

다시 한번 시간을 내서 자기 자신과 접속을 해보자. 이 연습을 하고 나면 어떻게 느껴지니?

나는 감사해…

잠깐 동안 감사한 일에 대해 떠올려보는 일은 땅에 뿌리를 내린 듯 안정감을 가지게 도와주고 행복한 기분을 느끼게 해줄 수 있지. 내가 무엇에 감사하는지 되돌아보고 다음에 내 생각을 써보자.

감사하는 사람 :

감사하는 추억 :

내가 이뤄낸 성과 중에 감사하는 일 :

감사하는 장소 :

힘들었던 경험 중에 감사하는 일 :

내가 감사하는 나의 장점 :

스스로에게 보내는 메시지

확언이란 응원이 필요할 때마다 스스로에게 보내는 긍정적인 메시지를 말하는 거야. 다음에 나오는 확언들을 읽어보고, 오늘 써볼 말에 동그라미를 치자.

'나는 큰 사랑을 받기 위해
태어난 사람이야.'

'난 좋은 하루를 보낼 거야.'

'나는 나와 다른 사람들로부터
배울 수 있어.'

'나는 나와 다른 사람들에게
친절하게 대할 거야.'

'무슨 일이 일어나든
난 준비가 되어 있어.'

제 3 장

마음을
집중하자

수업을 하다가 선생님이 네 이름을 부르셨는데, 그동안 딴생각을
하고 있던 바람에 어떻게 대답해야 할지 몰랐던 경험이 있니? 아
니면 친구와 수다를 떨다가 잠시 다른 것에 정신이 팔리는 바람
에 무슨 이야기를 하던 중이었는지 잊은 경험은?

이 장에서는 마음챙김이 어떻게 학교와 집, 그리고 친구들과 있
을 때 집중을 유지하도록 도와줄 수 있는지 알려줄 거야. 마음을
집중하는 일은 수업 시간에 더 쉽게 공부할 수 있게 해주고, 또 친
구들과의 우정을 돈독하게 해줄 거야. 그리고 운동이나 음악, 미
술같이 여러 다른 취미활동에 참여할 때도 도움이 될 수 있어. 앞
으로 몇 페이지에 걸쳐 우리는 집중의 근육을 키울 수 있게 도와
줄 재미있는 마음챙김 연습을 탐구해보려고 해.

우리의 집중력은 어디로 갔을까?

어느 날 오후 켄트릭은 라일리와 놀고 싶어서 그를 집으로 초대했다. 켄트릭과 라일리는 뒷마당에서 잠시 논 다음 함께 미술 숙제를 하기 위해 집 안으로 들어왔다. 둘은 서로 유치한 소리를 해대고 낄낄거리며 함께 아주 즐거운 시간을 보냈다. 미술 숙제를 시작하고 얼마 후, 켄트릭은 라일리에게 보여주고 싶은 새 게임을 태블릿에 다운로드받아뒀다는 사실을 떠올렸다.

"잠깐만, 내가 뭐 보여줄게!" 켄드릭는 이렇게 말하며 태블릿을 찾으러 갔다. 다운로드받은 게임을 검색해보며 방으로 돌아온 켄드릭은 마침내 게임을 찾아내어 앱을 열었고, 라일리가 지켜보는 와중에 게임을 하기 시작했다. 켄드릭이 태블릿으로 게임하는 모습을 몇 분 동안 지켜본 라일리는 더 이상 웃고 있지 않았다. 지루해지기 시작한 것이다.

"야, 켄드릭. 우리 딴 거 하지 않을래?" 라일리가 물었다.

켄드릭은 마치 라일리의 말을 듣지 못한 듯 계속 게임을 하며 아무런 대꾸도 하지 않았다.

"켄드릭!" 라일리가 좀 더 큰 목소리로 불렀다.

"아, 미안해. 방금 뭐라고 했니?" 켄드릭이 라일리를 올려다보며 물었다.

"우리 딴 거 할래?" 라일리가 말했다. "지루하다고."

"아, 그럼. 당연하지. 어쨌든 아까가 더 재미있었거든." 켄드릭이 태블릿을 옆으로 밀어놓으며 말했다. "게임은 정말 정신을 쏙 **빼놓네**."

가끔은 주위에서, 그리고 머릿속에서 우리의 정신을 산만하게 만드는 수많은 일이 벌어지지. 이러한 일들 때문에 집중력을 모으고 유지하는 일은 정말로 어려워진다고! 다른 기술들과 똑같이, 집중하는 데에도 연습이 필요해. 마음챙김은 집중을 유지할 때 도움이 된단다. 한 번에 한 가지 일에 집중력을 쏟을 수 있게 이끌어주거든. 마음이 여기저기 떠돌아다니거나 다른 일들을 찾아 가버릴 때도 알아챌 수 있지. 마음이 방황하는 걸 눈치 채고 우리가 집중하고 싶은 곳으로 다시 끌어오는 법을 더 많이 연습할수록, 집중하기는 더욱 쉬워질 거야.

집중한다고 느끼기

정신이 산만해졌을 때 몸과 마음이 어떻게 느끼는지 잠깐 생각해보자. 어떤 사람들은 산만해질 때 몸이 가만히 있기 힘들다는 걸 깨닫는대. 가끔은 머릿속에서 생각이 경주하기도 한다네. 생각이 경주한다는 건, 생각들이 마음속으로 진짜 휙휙 스쳐 지나고 빠르게 변한다는 뜻이야. 너는 정신이 산만해졌다는 걸 어떻게 알 수 있니?

나는 내 마음이 이럴 때 정신이 산만해졌다는 걸 알아.

나는 내 몸이 이렇게 느낄 때 정신이 산만해졌다는 걸 알아.

이제 집중한다고 느낄 때 몸과 마음이 어떻게 느끼는지를 떠올리는 시간을 가져보자. 어떤 사람들은 집중한다고 느낄 때 해야 할 일을 계속할 수 있고 몸이 차분해지지. 너는 집중하고 있음을 어떻게 알 수 있니?

나는 내 마음이 이럴 때 집중하고 있다는 걸 알아.

나는 내 몸이 이렇게 느껴질 때 집중하고 있다는 걸 알아.

우리의 몸과 마음은 우리가 산만해졌을 때와 집중하고 있을 때 신호를 보낸단다. 이러한 신호에 관심을 기울이면 집중력을 되찾기 위해 언제 마음챙김 연습을 사용할지 이해하게 될 거야.

노랫소리를 따라서

이 연습은 음악을 이용해서 실제로 마음챙김을 해보는 기회를 준단다. 네가 즐겨듣는 노래를 하나 골라봐. 노래에서 주의를 기울일 한 부분을 고른 다음, 마음을 기울여 그 노래를 들어보자. 그 한 부분이란 가수의 목소리가 될 수도 있고, 박자나 멜로디가 될 수도 있어. 노래의 그 부분을 처음부터 끝까지 따라가려고 노력해봐. 마음이 노래를 듣는 동안 자꾸 흩어지려고 한다면, 네가 따라가던 부분으로 다시 집중력을 끌어와야 해.

무슨 노래를 들었니?

노래의 어떤 부분을 따라갔니?

그 노래에서 뭔가 새로운 점을 깨달았니?

마음챙김 음악 감상은 우리가 가족이나 친구들과 대화를 나누면서 사용할 수 있는 아주 유용한 기술이야. 우리가 '적극적으로 듣는 사람'이 될 수 있게 해주거든. 그게 무슨 뜻이냐면, 다른 사람들이 말할 때 우리가 정성껏 귀를 기울인다는 거야. 그러면 상대방은 우리가 자기의 말을 들어주고 이해해준다고 느끼거든. 우리가 적극적으로 귀를 기울일 때 배려 있게 대답해줄 수 있단다.

거울아, 거울아

이 활동은 우리가 바로 앞에 놓인 물건에 집중하는 능력을 더 튼튼하게 만들어줘. 학교에서 공부할 때, 운동을 할 때, 아니면 미술을 할 때 더 많은 주의를 기울이고 집중력을 유지할 수 있게 해주지. 커다란 거울 앞에 앉거나 서봐. 두 손을 들어 몸 앞쪽에서 마주 잡은 다음 거울에 비친 모습을 보는 거야. 거울에 손이 비친 모습에 집중해봐. 이제 천천히 두 손을 어느 쪽이든 네가 원하는 방향으로 움직여보자. 하지만 계속 거울에 비친 두 손에 주목하고 있어야 하지. 눈길이나 마음이 다른 어딘가로 흘러가 버리면 다시 거울에 비친 손으로 조심스레 끌어오렴. 다음으로, 진짜 손에 주목해보자. 먼저 잠시 동안 왼손을 주목하는 데에서 시작해. 그러고 나서는 오른손을 바라보렴. 다시 한번, 네 눈이나 마음이 다른 곳으로 흘러가 버리면 다시 집중력을 손으로 부드럽게 끌어와야 해. 몇 분이 지난 후 두 손을 원래 있던 몸의 양옆으로 돌려보내는 거야. 마음과 몸으로 접속해보자. 어떻게 느껴지니?

이 활동이 어렵거나, 아니면 쉬웠니? 마음이나 눈이 거울에 비친 손으로부터 도망가 버렸을 때 그걸 눈치 챌 수 있었어? 네가 겪은 바에 대한 생각을 다음에 기록해보자.

감각적인 걸음

몸을 안정시키는 데에 어려움을 겪고 있다면, 마음챙김 걷기를 한번 해봐! 이 활동은 네가 촉각, 시각, 청각이라는 세 가지 다른 감각들에 집중력을 모으는 연습을 하면서 몸을 움직일 수 있게 해줄 거야. 마음챙김 걷기는 야외에서 할 수도 있고, 학교에서 복도를 지나가며 할 수도 있어. 땅을 밟고 있는 두 발의 감각에 관심을 가지는 데에서 시작하는 거야. 걸음을 걷는 동안 발이 어떻게 느껴지지? 그다음에는 네가 주변에서 보는 것들에 집중해봐. 걸어 다니는 동안 보는 여러 다양한 물체들에 관심을 기울이는 시간을 잠시 가져 봐. 커다란 물체와 아주 작은 물체에 주목하도록 노력하자. 움직이는 물체와 가만히 있는 물체를 정확히 찾아낼 수 있겠니? 마지막으로, 네가 듣는 것에 집중해봐. 잠시 시간을 내서, 걷는 동안 듣게 되는 소리들에 관심을 가져보는 거야. 저 멀리 떨어진 곳에서 나는 소리와 아주 가까운 곳에서 나는 소리에 귀를 기울여보자. 아마도 조용한 소리도 듣고 시끄러운 소리도 들을 수 있을 거야. 준비가 됐다면, 땅을 딛고 있는 발의 감각에 다시 주의를 기울여보자.

마음챙김 걷기를 하면서 보거나 들은 다섯 가지는 무엇일까?
다음의 빈칸에 글로 쓰거나 그림으로 나타내보자.

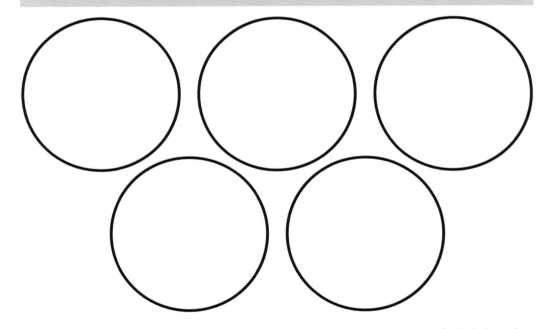

팁 : 마음챙김 걷기는 학교에서든 집에서든, 어느 순간에나 가만히 앉아 있거나 주의를 기울이기 어려울 때 마음을 집중할 수 있는 훌륭한 방법이란다.

구석구석 끼적이기

이 활동은 우리가 연습을 하면 오랜 시간 동안 집중력을 유지하는 능력도 발전시킬 수 있다는 걸 일깨워준단다! 집중을 유지하는 법을 더 많이 연습할수록 주의를 기울이는 건 더 쉬워져. 집 안에 있는 물건 하나를 골라 봐. 화분이어도 되고, 그림이나 가구여도 괜찮아. 물건 근처에 편안히 앉아 있을 곳을 찾으렴. 물건이 작다면 60센티미터에서 1미터 정도 떨어진 곳에, 물건이 크다면 120센티미터에서 150센티미터 정도 떨어진 곳에 앉으면 돼. 두 눈으로 물건을 훑어보며 시작하자. 물건 전체를 눈여겨본 다음 물건의 구석구석에 주의를 기울여보자. 다음에 나오는 빈칸에 그릴 수 있는 모든 부분을 담아서 그 물건을 그려보자. 그러는 동안 연필이나 펜을 종이에서 멀리 떨어뜨려서는 안 돼. 눈은 계속 물건을 보면서, 그림 속에 들어갈 모든 구석을 찾아내도록 해 봐. 물건의 모든 구석구석을 살펴보고 그렸다는 감이 올 때, 잠깐 멈추고 네가 그린 그림을 바라봐! 그림이 아주 정확하게 보이지 않아도 괜찮아. 이 활동을 계속 연습하면서 집중력이 발전한다면, 네가 그릴 때마다 그림이 점점 더 세밀해진다는 걸 깨닫게 될 거야.

산을 닮은 숨쉬기

여기 이 안정된 숨쉬기 연습은 몸을 차분하게 가라앉히고 마음을 집중하게 도와줘. 눈을 감은 다음에 커다란 산이 앞에 있다고 상상해보자. 그런 다음에 코를 통해 숨을 들이마시면서 산 위로 걸어 올라가고, 또 입을 통해 숨을 내쉬면서 산을 걸어 내려가는 자기 모습을 상상해보는 거야. 등산을 시작한 출발점으로 되돌아가면서, 숨 쉬는 속도를 늦추기 위해 잠깐 숨을 멈추도록 해 봐.

숨쉬기로 균형을 찾을 수 있으면 몸을 차분하게 유지하거나 필요할 때 집중을 유지하는 데에도 도움이 된단다. 가령 학교에서 중요한 과제를 한다거나 집에서 숙제를 할 때처럼 중요한 순간에 말이야.

반짝이를 쳐다봐

누구나 하루를 보내며 여러 다른 순간에 마음이 복잡해지는 경험을 하게 돼. 복잡한 마음을 가라앉히는 상상을 해본다면, 하루를 보내면서 지금 이 순간에 더욱 귀를 잘 기울이고 집중력을 유지하는 것을 더욱 잘하게 된단다! 편안하게 앉을 수 있는 바닥이나 의자를 찾아봐. 이 연습을 하려면 눈을 계속 감고 있어야 해. 물이 가득 든 병 하나가 있다고 상상하는 걸로 시작하자. 병 바닥에는 반짝이가 한 겹 깔려 있어. 이제 그 병을 잘 흔들어본다고 상상하자. 그리고 그 반짝이들이 서로 다른 방향으로 빠르게 움직이면서 물 전체로 흩어지는 모습을 지켜보렴. 그 모습을 보면서 바쁠 때 우리 모습을 떠올릴 수 있어. 온갖 생각이 사방으로 흩어지는 거지! 숨을 들이마셔 봐. 그리고 숨을 내쉬면서 반짝이가 천천히 가라앉는 모습을 상상해보자. 숨을 들이마시고, 내쉬고, 계속 호흡을 하며 반짝이가 부드럽게 병의 바닥으로 떨어지는 모습을 그려보는 거야. 일단 반짝이가 전부 바닥에 가라앉으면 물속을 들여다본다고 상상해. 이제 물이 정말 맑아졌지? 천천히 눈을 떠. 뭔가가 바뀌거나 변한 게 있는지 주목해보렴. 몸과 마음이 어떻게 느껴지니?

다음의 칸에 상상 속의 물병이 어떻게 생겼는지 그려봐.

제 4 장

기분과
친해지기

우리가 마음챙김 할 수 있는 가장 효과적인 대상 중 하나가 바로
우리가 느끼는 기분이야. 모든 사람들은 매일 갖가지 기분을 경
험해. 모든 사람은 모두 다른 기분을 경험한단다! 우리가 어떤 경
험을 하든, 마음챙김은 우리가 기분을 알아챌 수 있게 도와준단
다. 그리고 여러 가지 기분이 찾아올 때 생각 없이 반응하는 게 아
니라 신중하게 대응할 수 있는 법을 알려줄 거야. 이번 장에서 우
리는 기분과 손잡는 법을 배우고, 또 힘겨운 기분이 들 때 그 기분
을 다루는 다양한 마음챙김 연습을 알아보려 해.

기분의 기분

> 카이는 힘겨운 하루를 보내고 있었다. 종일 비구름이 뒤를 졸졸 쫓아다니기라도 하듯, 슬픈 기분이 들었다. 몸은 피곤하고 무거웠다. 눈에 눈물이 고일 때마다 카이는 슬픔을 저 멀리 내쫓으려고 애썼다. 그래봤자 상황은 더 나빠지고 비구름은 점점 더 커지는 것처럼 보일 뿐이었다!
> 학교에서 집으로 돌아가는 길에, 카이는 다시 한번 눈에 눈물이 차오른다고 느꼈다. 이번에는 울지 않으려고 애써 참는 대신, 눈물이 그대로 줄줄 흐르게 내버려두었다. 점점 더 많은 눈물이 터져 나왔다. 고작 몇 분 동안이었지만 펑펑 울고 나니 기분이 나아지고 몸은 더 가볍게 느껴졌다. 카이는 더 이상 슬픔이 버겁게 느껴지지 않았고 비구름은 사라졌다. 카이는 크게 심호흡을 한 번 하고 모든 것을 떨쳐버렸다.

하늘에 떠 있는 구름들을 바라본 적 있니? 그러면 아마도 구름들이 온갖 크기와 모양으로 떠다니고 있다는 걸 깨달았을 거야. 어떤 구름은 가볍게 높이 솟아 있고, 또 어떤 구름은 어둡고 무거울 수 있지. 여러 가지 면에서 기분은 구름과 같아. 어떤 기분은 우리를 들뜨게 만들고, 어떤 기분은 우리를 짓누르지. 그리고 구름처럼 기분도 왔다가 가버려. 또 변하고 바뀐단다.

우리는 모두 매일 다양한 기분을 느껴. 기분이 좋은 사람도 있고, 기분이 나쁜 사람도 있지. 내가 왜 이러저러한 기분을 느끼는지 그 계기나 이유를 알 수 있을 때가 있고, 또 어떤 때는 왜 지금 내가 이렇게 느껴야 하는지 모를 때도 있어.

화나 슬픔, 불만, 불안 같은 기분들 때문에 우리는 실제로 기분이 나아질 수 있는 방향으로 행동하기가 어려워. 게다가 우리는 가끔 어떤 기분을 느끼는 건지 제멋대로 판단하기도 하거든. 그런 것도 정말 문제란다!

우리가 어느 특정한 순간에 겪게 되는 기분을 다스리지 못한다 하더라도, 그런 기분이 들 때 어떻게 행동할지는 직접 결정할 수 있어. 이때 짜잔 나타나는 게 마음챙김이란다! 마음챙김을 활용해보면 우리가 기분에 따라 어떻게 행동할지 더욱 쉽게 다스릴 수 있게 된단다.

기분을 마음챙김한다는 건 기분을 알아차린다는 의미야. 모든 사람은 각자 다른 방법으로 기분을 경험한단다. 예를 들어, 어떤 사람은 슬플 때 말수가 없어져. 그런가 하면 어떤 사람은 울어버린단다. 다양한 기분을 내가 어떻게 경험하는지 알게 되는 건 중요해. 내 기분을 좀 더 잘 알아차리게 된다면, 그게 어떤 기분인지 제멋대로 판단해버릴 가능성이 적어지거든. 그러면 기분을 있는 그대로 받아들이는 법을 배울 수 있게 되지.

아무런 생각 없이 기분에 끌려 다니지 않고 신중하게 대응하는 법을 배운다면 더 현명한 결정을 내리는 데에 도움이 될 거야. 기분에 제멋대로 반응해서는 보통은 더 좋아지는 느낌이 들지 않아. 화가 날 때 우리는 누군가에게 소리를 지르거나 뭔가를 던지고 싶어지지. 하지만 언제 화가 나는지 알아차리는 게 익숙해지면, 크게 숨을 쉰다거나 누군가에게 이야기를 털어놓으면서 화를 가라앉힐 수도 있을 거야.

기분을 마음챙김 해보자. 그러면 기분에 어떻게 반응할지 스스로 결정할 수 있어. 그리고 <u>스스로</u>를 어떻게 돌볼 수 있는지도 <u>스스로</u> 결정할 수 있게 된단다!

나는 왜 이렇게 느낄까?

가끔 우리는 우리에게 벌어진 어떤 일 때문에 어떤 기분을 느껴. 우리 기분을 더욱 잘 이해하고 싶다면 그 기분을 만들어내는 다양한 계기나 원인들을 구분해내면 좋겠지? 그렇게 하면 어떤 기분들이 불쑥 솟아오를 때 어떻게 해야 할지 대비하기가 더욱 쉬워질 거야. 잠깐 동안 우리에게 여러 기분을 불러일으키는 여러 사람과 장소, 사건들에 대해 떠올려보고 구분해보자.

나를 행복하게 하는 것들:

나를 슬프게 하는 것들:

나를 화나게 하는 것들:

나를 자랑스럽게 하는 것들:

나를 질투 나게 하는 것들:

나를 불안하게 하는 것들:

나를 차분하게 하는 것들:

기분 마주하기

어떤 사람이 무슨 기분을 느끼는지 알 수 있는 방법 가운데 하나는 얼굴 표정을 주의 깊게 살펴보는 거야. 마찬가지로, 다른 사람들은 우리가 어떻게 느끼는지 알아내려면 우리의 얼굴 표정을 관심 있게 바라보겠지.

요 며칠 동안 네가 경험했던 네 가지 다양한 기분들을 떠올려봐. 그런 기분을 느꼈을 때 네 모습은 어땠니? 얼굴 근육은 느슨하게 풀려 있었니, 아니면 바짝 긴장해 있었니? 웃고 있거나 찡그리고 있었니? 다음의 빈칸에 그 여러 가지 기분을 경험할 때 네 얼굴 표정이 어땠는지 그려봐. 그리고 그림 밑에는 기분에 맞는 이름을 한 번 써보자.

오늘 네 기분은 무슨 색?

잠깐 우리 마음과 몸에 접속해보자. 바로 지금 어떤 기분이 떠오르니? 한 가지 기분,
아니면 여러 가지 다양한 기분을 깨달을 수 있어. 네가 알아차린 여러 가지 기분에 이름을
붙여봐. 단, 그게 좋다, 나쁘다를 따져서는 안 돼. 그리고 나서 다음의 풍선 그림 속에
네가 알아차린 기분의 이름을 써봐. 이제는 한 번에 하나씩 그 기분에 대해 생각해보자.
기분 하나하나를 생각해볼 때 어떤 색깔이 떠오르니? 그 기분은 쨍한 색이니, 아니면
흐릿한 색이니? 어둡니, 밝니? 따뜻하니, 차갑니? 이 일이 어렵게 느껴진다면 눈을 감고
기분에 붙여준 이름을 크게 소리 내어 말해봐. 그리고 마음속에 어떤 색깔이 떠오르는지
눈여겨봐. 이제 기분과 색깔을 잘 이어서 풍선을 색칠하자.

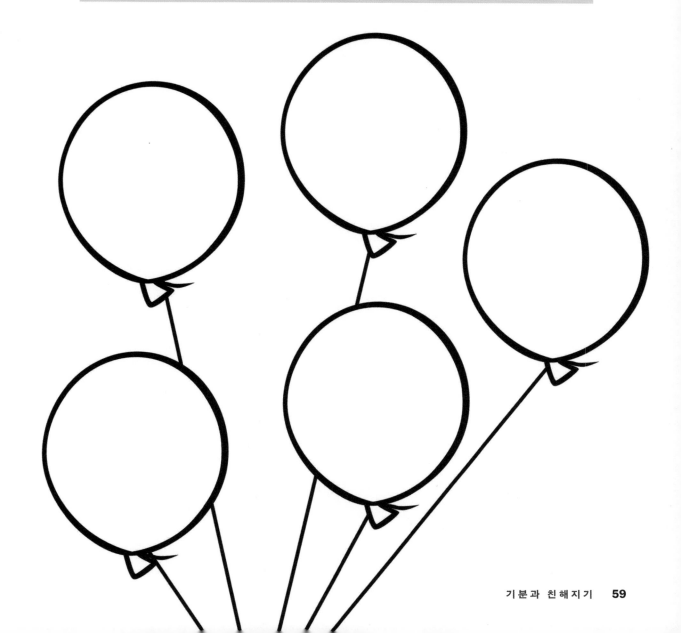

기분 탐험가

가끔 우리는 분노나 슬픔, 불안처럼 까다로운 기분을 경험할 때 그 기분을 멀리 밀쳐내려 해. 여러 면에서 당연한 반응이야. 어떤 기분은 좋게 느껴지지 않지. 하지만 괜찮아. 우리가 알아야 할 중요한 이야기는, 그런 버거운 기분을 피하거나 밀어내려고 애쓴다고 해서 정말로 사라지게 만들 수는 없다는 거거든. 이러한 반응은 사실 그 힘든 감정들을 더 강하게 만들 뿐이란다.

버거운 기분을 밀쳐 내거나 피하는 대신 잘 탐색해보고 질문을 던지는 걸로 반응해보는 건 어떨까? 기분 탐험을 위해 다음의 단계들을 잘 활용해봐. 먼저 기분을 선택하는 걸로 시작하자.

내가 탐험할 기분은 이런 거야.

----

1. 이 기분이 좋게 느껴지니, 나쁘게 느껴지니, 혹은 애매모호하니?

----

2. 내 몸은 어떻게 이 기분에 반응하고 있을까?
   (네 얼굴 표정과 숨 쉬는 모습, 몸의 감각, 그리고 몸짓을 떠올려봐.)

----

3. 이 기분과 연결해서 무슨 생각을 하고 있니?

힘겨운 기분을 탐험하기 위해 이러한 단계를 밟아본다면, 그 기분은 한결 약해지고 네 두려움도 덜해질 거야. 네게는 기분을 조절할 수 있는 힘이 생기고, 더 힘겨운 기분이 들 때도 다스릴 수 있다고 느껴질 거란다.

배로 숨쉬기

숨을 조절하는 건 뇌와 몸에 흥분을 가라앉히라는 신호를 보내는 거야. 따라서 좌절감을 느낀다거나, 불안하다거나, 슬플 때 도움이 되지. 이 연습을 하려면 우선 편안히 눕거나 편한 의자에 앉아야 해. 그리고 두 손을 배 위에 올려놓으면서 연습을 시작하는 거야. 네 숨결을 있는 그대로 지켜보자. 숨을 들이마실 때 배가 불룩 올라가고, 내쉴 때 배가 쑥 들어가는 게 느껴지지. 그다음에 세 번 숨을 쉬되, 코로 천천히 공기를 들이마시면서 배가 풍선처럼 부풀어 오르는 걸 느껴보는 거야. 최선을 다해 배를 가장 크게 만드는 거지! 그리고 배가 납작하게 가라앉는 걸 느끼면서 입으로 천천히 숨을 내쉬어봐. 배로 깊이 숨을 쉬는 건 몸 전체의 긴장을 풀어주면서 몸으로 숨결을 느끼는 데에 도움이 된단다. 준비가 됐다면 이제 부드럽게 눈을 떠보자.

감정 충전!

감정은 가끔 우리가 얼마나 많은 에너지를 가지고 있는지와 연결이 돼. 에너지가 넘칠 때 우리 몸은 정말로 소란하고 분주해. 에너지가 낮거나 다 떨어졌을 때 우리 몸은 더디고 느릿느릿해지지. 에너지 레벨이 중간일 때 우리 몸은 안정되고 집중된단다.

> 다음의 말꾸러미에 든 감정 표현의 말을 읽어보고, 그 감정이 지닌 에너지 레벨에 따라 구분해보자. 그리고 세 개의 에너지 상자 중 해당되는 곳에 써넣자.

만족스러운   불안한   외로운   슬픈
버거운   실망한
희망찬   걱정되는   자랑스러운
흥미로운   신나는   불만에 찬
지루한   자신감 있는   피곤한   화난

높은 에너지

중간 에너지

낮은 에너지

기분 구름

앞에서 우리가 기분과 구름을 비교했던 게 기억나니? 하늘을 두둥실 떠다니는 구름처럼 기분도 왔다가 가버리지. 다음에 나오는 명상을 해보면, 다양한 기분들이 솟구칠 때 그 모습 그대로 내버려두면 어떻게 느껴지는지 탐구해 볼 수 있어. 이 명상을 하려면 우선 편안하게 눕거나 편한 의자에 앉는 것 중에 선택해봐. 눈을 감으렴. 너의 가지각색 기분이 하늘에 떠 있는 구름이라고 상상하며 시작하는 거야. 하늘을 올려다보면서 다양한 기분 구름 하나하나에 이름을 붙인 뒤, 그 구름이 저 멀리 흘러가 버리는 모습을 그냥 지켜본다고 상상해보자. 기분 구름이 지나간 뒤에는 그걸 바꾸려고 하지 마. 그냥 하늘을 둥둥 떠다니는 모습을 지켜보기만 해. 다양한 크기의 기분 구름을 가만히 바라보는 거야. 어떤 기분이 가장 큰 구름이 됐니? 어떤 기분 구름이 가장 작니? 어떤 구름은 가볍고 높이 떠 있고, 또 어떤 구름은 어둡고 축 가라앉아 보일 수도 있어. 구름의 모양도 아마 제멋대로일 거야. 여러 가지 기분 구름들이 지나가는 동안 네 몸이 어떻게 반응하는지에 관심을 기울여봐. 기분 구름들이 그냥 둥실둥실 다가왔다 멀어지게 내버려두렴. 그러면서 계속 그 구름들이 지나가는 모습을 지켜보자.

어떤 기분이 느껴졌을까? 그 기분의 이름을 다음의 구름들 위에 써보자.

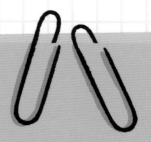

제 5 장

걱정
다루기

걱정스러운 기분이란 진흙탕을 헤치며 걸어가는 거랑 정말로 비슷해. 한 걸음 한 걸음 걸을 때마다 발바닥이 자꾸 땅에 들러붙는다고 상상해보자. 발걸음을 떼는 것이 정말로 쉽지 않다는 사실을 알아차리고선 이제 발을 절대로 떼지 못하게 될 거라고 걱정하겠지! 마음챙김은 진흙탕 속을 걷고 있음을 깨달아도 차분한 마음을 유지할 수 있는 방법을 찾게 해준단다. 마음을 차분하게 가지면 결국에는 진창에서 벗어나는 방법을 찾아내어 폭신한 풀밭으로 접어들게 되지. 이 장에서는 우리가 옴짝달싹할 수 없게 되어버렸다는 걸 깨달았을 때 걱정을 다루는 법을 배우게 될 거야!

누구에게나 걱정은 있어

> 카말은 학교 친구들 앞에서 말을 해야 할 때마다 정말로 불안해진다. 행여 실수라도 할까 봐 걱정되어서다. 월요일에 선생님은 모든 학생들에게 숙제를 내주시면서, 금요일 수업 시간에 5분 동안 내용을 발표하라고 했다. 선생님의 공지를 들으며 카말은 손이 벌벌 떨리고 심장은 빠르게 쿵쾅거렸다. 배도 아프기 시작했다.
>
> 그 후 며칠 동안 카말은 밤마다 쉽게 잠들지 못했다. 발표할 일이 걱정이었기 때문이었다. '다 망쳐버리면 어쩌지?' 그리고 '친구들이 나를 비웃으면 어쩌지?' 하는 생각들이 계속 떠올랐다. 카말은 그러한 생각들을 떨쳐버리고 다른 상관없는 것들을 생각하려고 애썼지만, 부정적인 생각은 계속 찾아왔다.
>
> 금요일 아침, 카말은 불안함과 걱정에 가득 찬 채 잠에서 깨어났지만, 잠시 가만히 앉아서 곤두선 마음을 가라앉히려고 노력했다. 이번 주 들어 처음으로 카말은 자기가 불안하고 걱정에 휩싸여 있음을 인정했고, 그 감정이 무엇인지도 알아보았다. 그것만으로도 한층 차분해질 수 있었다.
>
> 그다음으로 카말은 숨 쉬는 속도를 늦추기 위해 긴장을 풀어주는 숨쉬기 연습을 해보았다. 그러자 몸이 덜 떨리는 것 같았다. '만약에 그러면 어쩌지?'라는 생각이 머릿속에 떠오를 때면 카말은 스스로를 부드럽게 다독이며 말했다. "지금 나는 걱정을 하고 있는 거야." 자기가 무슨 행동을 하고 있는지 관심을 기울이는 시간을 가지고 자기 기분에 이름을 붙이는 일은 카말이 마음을 진정시키는 도구와도 같았다. 그 도구 덕에 불안감에 휘둘리지 않고 자기 자신이 몸과 마음을 움직일 수 있는 힘을 가지게 됐다는 느낌이 들었다.

사람들은 누구나 매일매일을 살아가면서 몸과 마음에 스트레스와 걱정, 불안감을 느껴. 마치 다람쥐 쳇바퀴에 갇힌 듯 똑같은 생각이 반복해서 떠오르고 또 떠오를 수도 있어. 숨이 가빠진다든지, 아니면 숨쉬기 자체가 어려워질 수도 있지. 불안을 느낄 때 우리 얼굴은 뜨겁게 달아오르고, 심장은 빠르게 뛰고, 다리가 후들거리거나 배가 아플 수 있어.

가끔 우리는 우리 손으로 통제할 수 없는 일들을 걱정해. 불안감 때문에 우리는 마음속 생각이나 몸이 제멋대로 움직일지도 모른다고 느껴. 마음챙김은 우리가 걱정을 잘 다룰 수 있게 도와준단다. 그리고 불안감에 어떻게 반응할지를 우리가 직접 정할 수 있다는 사실을 일깨워주지. 숨쉬기, 움직임, 명상 같은 마음챙김 연습 역시 우리 몸을 차분하게 만드는 데에 도움이 돼.

마음챙김은 불안감과 걱정을 다스리려는 간단한 운동이나 건강한 식사, 아니면 대화 요법이랑 같이 쓸 수 있는 도구야. 불안하거나 걱정이 되어서 평소에 좋아하는 활동을 즐길 수 없다거나 학교 가는 것처럼 매일 해야 할 일을 하는 게 힘들다고? 그럴 때는 믿을 수 있는 가까운 어른에게 꼭 이야기해야 해. 도움을 받을 수 있는 다른 방법들이 있는지도 함께 찾아봐야 하거든.

스트레스의 시작점

다음은 스트레스를 받거나 불안감을 느낄 수 있는 몇 가지 상황과 행동들이야.
이 중에 무엇이 너를 불안하게 만드니? 동그라미를 쳐봐.

가족들이 싸우거나
심각한 일이 생길 때

친구들과 싸우거나
심각한 일이 생길 때

숙제

새로운 사람을
만날 때

교실에서 질문에
답할 때

친구들 앞에서
발표할 때

새로운 친구를
사귈 때

시간표나 스케줄이
갑자기 바뀌었을 때

성적표를 받을 때

친구들한테
따돌림당한다고
느낄 때

학교 공부

내 몸을 가득 채운 걱정들

걱정스러운 마음이 들 때 몸이 어떻게 움직이는가를 알고 있으면, 몸을 차분하게 만들어 줄 도구를 언제 사용할지 깨닫는 데에 도움이 되지. 가끔 사람들은 두려운 마음이 들면 다리를 덜덜 떨거나, 배가 아프거나, 가슴을 무거운 돌이 꽉 누르는 것 같다고 느끼거든. 걱정하는 마음이 들 때 네 몸은 어떻게 움직이는지 잠시 생각해보는 시간을 가져보자.

나는 몸이 이렇게 움직일 때 내가 걱정을 하거나 불안하다는 걸 알아.

걱정스러운 마음이 들 때 다리와 배, 가슴에서 구체적으로 어떤 감각이 느껴지니? 걱정되거나 불안할 때 몸이 어떻게 보일지 한번 그림으로 나타내보자.

걱정의 비눗방울

이 연습은 두 가지 마음챙김 연습으로 이뤄져 있어. 하나는 긴장을 푸는 숨쉬기인데, 이건 우리 몸에 차분해지라는 신호를 보내는 거야. 또 하나는 '시각화'로, 이건 우리가 마음을 고요하게 만드는 데에 쓰여. 참, 시각화는 우리가 마음에 그리는 그림 같은 거란다. 바닥이나 의자에 자리 잡고 편안하게 앉아봐. 그리고 눈을 감아. 잠시 네가 가진 아무 걱정이나 떠올려보는 시간을 갖자. 이제 한 손을 앞으로 쭉 뻗어서 한 손에 비눗방울 막대를 쥐고 있다고 상상해보렴. 그리고 나머지 손은 배 위에 올려야 해. 코로 숨을 들이마시면서, 배가 부풀어 오르는 걸 느껴봐. 그다음에는 입으로 숨을 내쉬는데, 마치 손에 쥔 막대로 비눗방울을 부는 것처럼 천천히 내쉬는 거야. 공기를 모두 내보낸 후엔 네가 막 만든 비눗방울 속에 걱정이 빼곡하게 들어차 있고, 이제는 그 방울들이 네 주변을 둥실둥실 떠다니는 모습을 상상해보자. 코로 들이마시고 입으로 내뱉는 숨쉬기를 계속하면서 모든 비눗방울들이 점점 더 네게서 멀리 날아가는 모습을 그려보자. 심호흡을 다섯 번 한 다음에는 조심스레 눈을 떠보자.

> 다음의 비눗방울 그림 속에는, 멀리 날아가는 모습을 지켜본 그 걱정들을
> 그림으로 표현하거나 글로 써봐.

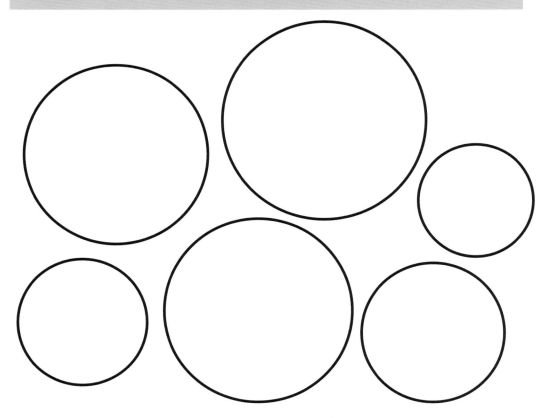

걱정 흘려보내기

이 훈련은 촉각에 우리의 집중력을 모아서 몸을 차분하게 진정시키는 거야. 차갑게 흐르는 물에 손을 씻어 봐. 그리고 차가운 물이 손에 닿으면 어떻게 느껴지는지에 집중하자. 마음이 다른 어디론가 달아났다면, 다시 손에 느껴지는 물의 느낌으로 끌어오렴. 그후에는 몸과 마음에 품고 있는 걱정스러운 생각과 기분이 무엇이든 간에 손에 닿는 차가운 물의 감각으로 모두 씻어서 흘려보내자.

쥐었다 폈다

바닥이나 의자에 편안히 앉아보자. 아니면 등을 대고 똑바로 누워도 돼. 두 눈을 감아.
이 연습을 하면서 우리는 우리 몸을 쭉 살펴볼 거야. 그리고 몸의 이곳저곳을 꽉 쥐고 긴장시켰다가, 다시 느슨하게 풀어줄 거야. 발가락과 발에 주의를 모으는 것으로 시작해보자. 3초 동안 발과 발가락을 오므려봐. 그다음에는 오므렸던 발과 발가락을 풀어서 팽팽한 느낌을 없애 봐. 발에 긴장이 풀리면 어떻게 느껴지는지 한번 관심을 기울여보는 거야.

그다음으로는 3초 동안 다리를 긴장시켰다가 풀어주는 거야. 점점 몸 위쪽으로 부위를 옮겨가 보자. 손과 팔, 어깨를 3초 동안 바짝 긴장시켰다가 풀어주는 식이지. 머리까지 도달하면, 마치 정말로 신맛이 나는 사탕이라도 먹은 듯 얼굴을 잔뜩 구겼다가 풀어봐. 마지막으로, 온몸을 잔뜩 구겼다가 전체적으로 모두 풀어주자.

쥐었다 폈다 연습을 하기 전에는 몸이 어떻게 느껴졌니?

쥐었다 폈다 연습을 하고 난 뒤 몸이 어떻게 느껴졌니?

노래 스케치

이 연습은 몸과 마음을 진정시키기 위해서 음악과 그림을 이어주는 거야.

이 활동을 위해 우선 네가 즐겨듣는 노래를 골라봐. 단, 들으면서 기분이 느긋해지는 노래여야 해. 노래를 들으면서 마음속에 떠오르는 이미지가 무엇이든 다음의 공간에 그려보자. 노래를 표현하기 위해서 모양이나 색깔, 디자인을 마음껏 사용해도 좋아. 음악이 이끄는 대로 마음이 차분해지는 그림을 그려보는 거야.

초조함에 이름을 붙여보자

가끔 예민해지거나 불안함을 느낄 때 우리는 불안한 생각을 하게 되지. 불안한 생각은 우리에게 스트레스를 주고, 두렵고 혼란스럽게 만드는 그런 생각들이야. 그리고 밀쳐내도 계속 돌아오지. 스스로의 초조함이나 불안감에 이름을 붙이는 것도 도움이 된단다. 그런 기분이 들 때 구분하기 쉬워지거든. 예를 들어서, 초조함에 '니키'라는 이름을 붙인다고 치자. 다음번에 심장이 빠르게 뛰고 불안한 생각으로 가득 찰 때 스스로에게 이렇게 말하는 거야. "우와, 니키가 온 거 같은데!" 그러면 우리는 우리가 어떤 기분인지 잘 알게 되고, 몸과 마음은 기분에 끌려 다니는 게 아니라 우리가 직접 통제할 수 있다는 걸 다시 한번 깨달을 수 있어.

우리의 초조함을 캐릭터로 만들어볼까?

1. 내 초조함이나 불안감의 이름은 바로 이거야.

- -

2. 그 초조함이나 불안감이 어떻게 생겼을지 한번 그림으로 그려보자.

3. 초조함의 목소리를 어떻게 묘사할 수 있을까? 목소리가 크고 소름 끼치니, 아니면 속삭이는 듯 나긋나긋하니?

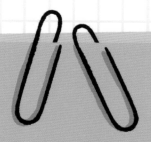

제 6 장

힘겨운 상황에서
차분함을 유지하자

마음챙김은 우리가 학교나 집에서, 그리고 친구들과의 사이에서 힘겨운 상황을 겪을 때 차분하고 느긋하게 버틸 수 있게 해줘. 까다로운 상황에 처하면 우리는 여러 다양한 기분들 때문에 주눅이 들 수 있어. 가끔은 이러한 버거운 감정들이 다른 기분 좋은 경험이나 활동, 생각들을 방해할 수도 있지. 마음챙김을 잊지 않는다면, 우리는 어떠한 어려움이 닥쳐온다 해도! 온종일 이러한 감정들에 잘 대처할 수 있을 거야. 이 장에서 우리는 힘겹고 어려운 상황을 다스릴 수 있는 몇 가지 방법들을 배워보려 해. 그러면 이러한 상황에 처했을 때 여기에 대처할 준비가 되어 있다는 기분과 함께 자신감을 느낄 수 있거든.

쿨함을 잃지 마

유키는 학교가 끝난 후 친구 두 명과 함께 축구를 했다. 한창 즐거운 시간을 함께 보내던 친구 하나가 갑자기 유키에게 "공도 제대로 패스할 줄 모르니?"라며 자기가 하는 모습을 보고 배우라고 했다.

유키는 운동장 가장자리에 앉아 친구들이 축구하는 모습을 지켜봤고, 점점 더 지루해졌다. 다시 시합에 끼고 싶다고 말했지만 두 친구는 비웃으며 유키의 말을 무시했다.

유키는 큰 상처를 받았다. 눈에 눈물이 차오르기 시작했고, 두 주먹을 아주 꽉 쥐었다. 유키는 자기 몸이 부들부들 떨린다는 것을 알아챘고, 문득 친구들이 얼마나 못되게 굴고 있는지 커다란 목소리로 고함을 지른 뒤 도망가 버리고 싶다고 생각했다.

유키는 상처받았다는 것을 깨달을 때면 자기 자신을 돌보기 위해 어떻게 해야 하는지 잘 알고 있었다. 먼저 눈을 꼭 감고 자기네 집 뒷마당을 떠올렸다. 뒷마당은 유키를 행복하고 차분하게 만들어주는 안식처 같은 곳이었다. 몇 분 후 유키는 눈을 떴고 기분이 더 나아졌음을 알았다.

유키는 벌떡 일어나 친구들에게 다가갔다. 그리고 자기 기분이 어떤지 설명한 뒤 "너희가 나를 무시하고 비웃었을 때 마음이 아팠어. 이제 우리 같이 놀까?"라고 말했다.

친구들은 축구를 하다 말고 유키를 쳐다봤다. 그리고 사과의 말을 건네면서 자기네가 얼마나 못되게 군지 깨달았다고 털어놨다. 유키는 미소를 지었고, 셋은 다시 축구를 시작했다.

힘들고 어려운 일은 거의 매일 일어나. 잠깐 눈을 감고, 우리가 하루를 보내면서 겪게 되는 큰 어려움과 소소한 어려움을 떠올려봐. 아마도 그 어려움은 집이나 학교에서 벌어질 수 있는 일일 수도 있고, 어쩌면 까다로운 학교 숙제나 갑작스러운 약속의 변경, 아니면 친구와의 갈등을 떠올릴 수도 있어. 이러한 어려움을 생각하다 보면 어떤 기분이 드니? 아마도 좌절하거나 주눅이 들거나 마음이 아프다는 걸 알게 될 수도 있어.

우리는 눈앞에 닥친 장애물들을 언제나 통제할 수는 없더라도 분명 어떻게 반응할지는 직접 정할 수 있어. 이건 마음챙김 연습을 규칙적으로 사용해보면 더욱 쉬워져! 마음챙김은 우리가 압박 속에서 침착할 수 있게 해주고, 또 격한 감정이 일어나면 다스릴 수 있게 도와줘. 우리가 까다로운 상황을 상대하고 있다는 걸 인정하고 자기 감정을 충분히 알아차린다면 냉정함을 잃지 않고 문제를 해결하는 일을 더 잘하게 될 거야. 그리고 그 하루를 더욱 잘 헤쳐 나갈 수 있게 되지.

가끔 우리는 중요한 시험을 본다든지, 치열한 시합에 나간다든지, 아니면 가족이나 친구와 갈등이 생겼을 때 침착함을 유지해야 할 때가 있어. 마음챙김 연습을 하고 스스로의 기분에 접속한다면 우리는 현재의 순간에 집중하고 또 기분을 다독일 수 있는 방법을 찾게 될 거야. 힘겨운 순간에 자기 자신을 되돌아보고, 숨쉬기를 조절하고, 몸을 움직이는 것은 모두 유용한 전략들이지! 고난이 찾아왔을 때 감정을 추스를 수 있다면, 우리는 신중하게 상황을 다루는 방법을 발견하게 되고, 또 그로부터 어떤 교훈을 얻을지 깨닫게 될 거야.

내 몸에서 어느 부분이지?

여러 다양한 기분이 들 때 어떻게 몸이 반응하는지를 아는 일은 우리가 이러한 감정들
에 안정적으로 반응할 수 있는 법을 배우는 데에 도움이 돼.

잠시 시간을 내어 우리가 힘겨운 상황에서 버티면서 격한 감정을 느낄 때 몸이 어떻게
반응하는지 생각해보자. 이러한 감정들은 우리 몸의 어느 부위에서 느낄 수 있지?

내_____ 은/는 화가 날 때 _____ 하게 느껴져.

내_____ 은/는 좌절을 겪을 때 _____ 하게 느껴져.

내_____ 은/는 마음의 상처를 받았을 때 _____ 하게 느껴져.

내_____ 은/는 주눅 들었을 때 _____ 하게 느껴져.

내_____ 은/는 스트레스 받는 상황에서 _____ 하게 느껴져.

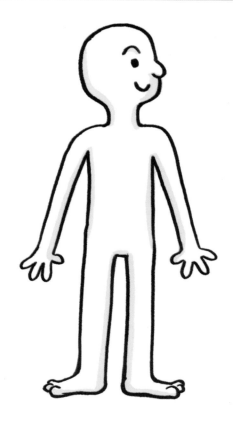

흔들어 봐!

가끔 사람들이 격한 감정을 느낄 때 몸에서 에너지가 솟구치지. 이 에너지를 태워 없앨 수 있는 방법 중 하나는 몸을 움직이는 거란다. 움직일 만한 공간이 있는 곳에서 똑바로 서보자. 한쪽 팔을 먼저 흔들기 시작하다가, 그다음으로는 다른 쪽 팔을 흔들어보는 거야. 한쪽 다리를 흔들고, 또 다른 쪽 다리를 흔들자. 마지막에는 1분이나 2분 동안 온몸을 풀어주고 흔들기! 이제 흔드는 걸 멈춰. 한쪽 손을 심장 위에 놓고 다른 한 손은 배 위에 놓으렴. 열심히 움직였으니 이제 우리 몸이 어떻게 느끼는지 관심을 기울여보자.

다음의 빈칸에는 몸을 실컷 흔든 다음 몸이 어떻게 느끼는지 그림으로 나타내보자.

바람개비를 돌려라!

참고 : 집에 바람개비가 있다면 이 연습을 위해 얼마든지 써 봐도 좋아. 그리고 바람개비가 없으면 상상해보는 거야! 바닥이나 의자에 편안하게 자리 잡아보자. 이 연습을 위해선 눈을 감아야 해. 앞을 향해 쭉 뻗은 한쪽 손에 바람개비를 하나 들고 있다고 상상해보자. 다른 한 손은 배 위에 올려놔. 바람개비를 상상할 때 무슨 색깔이면 좋을지 결정하자. 단, 안정감을 안겨주는 색깔을 선택하도록 노력해보자. 이 활동의 목표는 아주 오래오래 바람개비를 돌리는 거야. 그러려면 숨을 천천히 입을 통해 내뱉어야 하겠지? 코를 통해 공기를 들이마시면서 깊게 숨을 쉬는 데에서 시작하자. 배가 불룩 올라오는 게 느껴질 거야. 이제는 아주 천천히 입을 통해 숨을 내보내보자. 바람개비가 돌기 시작했어. 다시 숨을 들이마셨다가 내쉬고, 또 반복하는 거야. 우리가 숨을 내쉴 때마다 바람개비가 점점 더 빠르게 돌아간다고 상상해보자. 심호흡을 세 번 한 뒤 부드럽게 눈을 뜨면 돼.

바람개비 호흡법을 하고 나니 어떻게 느껴지니?

내게 행복을 주는 장소

바닥이나 의자에 편안히 앉아보자. 이 연습을 위해서는 눈을 감아야 해. 나 자신에게 평화와 즐거움을 안겨주려고 시간을 보내는 장소를 떠올려봐. 그곳은 우리 집 방처럼 익숙하면서 편안함을 안겨주는 장소일 수도 있고, 아니면 공원이나 바닷가처럼 언젠가 한번 가본 장소일 수도 있어. 이 행복한 장소를 떠올릴 때 모든 감각을 총동원해서 그림을 그려보자. 네가 그 장소에 있다면 무엇을 보게 될까? 무슨 소리를 듣게 될까? 무슨 냄새가 날까? 잠시 동안 이 행복한 장소에 머물러보자. 그 장소에서는 어떤 기분이 들지? 준비가 됐다면 눈을 떠 봐. 이때의 경험을 기록해보렴.

내가 내 행복한 장소를 떠올릴 때면 :

나는 다음을 본다.

나는 다음을 듣는다.

나는 다음을 냄새 맡는다.

나는 다음을 느낀다.

다음의 빈칸에 네 행복의 장소를 그려봐.

부정을 긍정으로

누구나 부정적인 생각을 할 때가 있어. 부정적인 생각 때문에 우리는 불안하거나 속상할 수 있고, 상황을 있는 그대로 보기 어려울 수도 있어. 이 연습은 우리가 가진 부정적인 생각의 종류를 더 잘 알아볼 수 있게 도와줄 거야.

> 다음에 나오는 문장과 그 예시를 잘 읽어봐. 그리고 네가 가끔 하는 부정적인 생각과 비슷하다면 그 옆에 표시하자. 그리고 나서 네가 가진 부정적인 생각을 써보자.

☐ **부정적인 점에 초점을 맞추고 긍정적인 점은 잊어버려.**
　예 : "내가 수업 시간에 발표를 열심히 한 건 중요치 않아. 왜냐하면 시험을 망쳤거든."

내 부정적인 생각:

☐ **결론으로 건너뛰곤 해.**
　예 : "매기는 오늘 아침 나한테 인사하지 않았어. 분명 나한테 화가 나 있는 거야."

내 부정적인 생각:

☐ **내 탓, 또는 다른 사람 탓을 해.**
　예 : "시합을 하는 동안 나는 실수를 저질렀어. 그래서 우리 팀이 진 거야."

내 부정적인 생각:

□ **극단적으로 생각해.**

　　예 : "그림을 못 그리겠어. 그러니까 나는 최악의 화가야."

내 부정적인 생각 :

- -

□ **나 자신에게, 아니면 다른 사람들에게 꼬리표를 붙여.**

　　예 : "나는 머리가 나빠. 그래서 숙제에서 '노력 요함'을 받은 거야."

내 부정적인 생각 :

- -

어떻게 하면 부정적인 생각을 긍정적인 생각으로 바꾸고 큰 그림을 볼 수 있을까?
긍정적인 생각을 몇 가지 써보자.

- -

- -

- -

마음을 가라앉히는 색깔

편안한 자리를 찾아 앉아서 눈을 감자. 마음을 가라앉혀주는 색깔에 대해 생각해보자.
그다음에는 숨쉬기에 초점을 맞추면서, 코로 숨을 들이마시고 입으로 내쉬는 거야. 숨
을 들이마실 때마다 마음을 가라앉히는 색깔의 공기가 들어오고 몸이 편안해진다고 상
상해보자. 그리고 숨을 내쉴 때마다 마음을 가라앉히는 색깔의 공기가 나가면서 몸에서
스트레스도 모두 빠져나가는 거야. 심호흡을 세 번 하자.

네가 본 마음을 가라앉히는 색깔은 무엇이었을까?

인생의 교훈

평범한 일상 중에 우연히 마주치게 되는 어려운 문제들을 되돌아보는 시간을 가질 때, 우리는 경험으로부터 교훈을 얻고 성숙한 사람으로 자랄 수 있다는 걸 깨달을 수 있지.

다음의 빈칸에 네가 마주쳤던 힘겨운 상황을 중심으로 일기를 써봐. 그 경험을 하면서 어떤 기분을 느꼈니? 너는 어떻게 반응했니? 그 경험 덕분에 어떻게 성장했니?

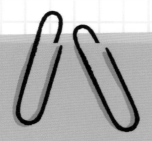

제 7 장
가장 현명하게
판단하는 법

폭풍우를 만난 적 있니? 한순간에 천둥번개가 치기 시작하는 모습을 본 적 있다면, 바람이 불기 시작하면서 먹구름이 밀려오고 비가 무섭게 쏟아진다는 것을 알게 될 거야. 그리고 이 모든 상황이 고작 몇 분 안에 일어나지!

가끔 우리의 기분은 천둥번개가 치듯 한순간에 우리 몸을 지배해. 그러는 동안 우리는 생각지도 못한 일에 당황해서 먼저 생각해보지도 않고 그 기분에 반응하지. 마음챙김은 우리가 겪는 기분과 어려운 고난에 반응하기 전에 잠깐 시간을 가지고 생각부터 해봐야 한다는 사실을 일깨워줘. 그렇게 할 때 우리는 더욱 현명한 판단을 할 수 있게 돼.

마음을 챙기는 행동

> 니코는 컴퓨터로 학교에 낼 글짓기 숙제를 했다. 두 시간 동안 끙끙댄 끝에 마침내 거의 다 마무리 지을 수 있었다.
>
> 컴퓨터 앞을 떠났다가 잠시 뒤에 돌아온 니코는 글짓기 파일이 실수로 삭제됐음을 깨달았다. 갑자기 정말로 엄청난 좌절감이 찾아왔다. 얼굴은 달아오르고, 마치 폭발해버릴 것만 같았다! 아빠가 다가와서 뭐가 잘못됐는지 묻자, 니코는 두 팔에 얼굴을 파묻었다. 비명을 지르고만 싶었다. 그러나 니코는 잠깐 시간을 가지고 자기가 어떤 기분인지 확인한 뒤 혼잣말을 했다. '괜찮아. 지금 나는 좌절감을 느낄 뿐이야.' 이 말은 니코가 좌절감에 휩쓸려버렸다고 느끼는 대신 스스로 통제할 수 있다고 느끼는 데에 도움이 됐다.
>
> 니코는 고개를 들어 아빠를 쳐다보며 말했다. "글짓기 숙제가 날아갔고, 저는 정말 좌절해버렸어요." 아빠가 니코 곁에 앉아 말했다. "정말로 좌절이 컸겠구나. 그런 일이 벌어졌다니 안타깝다. 우리, 이 고비를 넘기고 다시 숙제를 마칠 방법을 함께 찾아보도록 하자." 니코는 마음의 안정을 되찾았다.

종일 마음챙김을 유지하는 일은 우리가 무슨 결정을 내려야 하든, 행동하기 전에 잠깐 멈추고 생각해볼 수 있게 도와준단다.

가끔 화가 날 때, 짜증이 나거나 좌절했을 때 우리는 덜컥 이러한 기분에 반응해버려. 그리고 기분이 더 좋아지는 데에 전혀 도움이 되지 않을 선택을 하고 말지. 예를 들어, 어떤 친구가 심술궂은 말을 하는 바람에 정말로 기분이 나빠졌을 때 앞뒤 생각도 하지 않고 그 친구를 밀쳐버리는 반응을 보일 수 있지. 아니면 숙제 때문에 좌절해버린 사람은 고함을 치며 연필을 땅바닥에 던져버리고 싶을 수도 있어. 두 가지 상황에서 모두 그 반응은 실제로 기분이 나아지는 데에 전혀 도움이 되지 않아. 사실 그 반응은 분노와 좌절감을 더욱더 손쓸 수 없게 만들어버리지!

마음챙김은 느닷없이 벌어진 사건에도 우리가 감정에 어떻게 반응할지 더욱 잘 조절할 수 있게 해줘. 이러한 순간에 기분을 마음챙김 할 수 있다면 우리는 이러한 기분과 상황에 올바르게 반응할 수 있게 되지. 마음챙김을 통해 우리는 전체적인 그림을 볼 수 있게 돼. 그러면 감정에 갇혀서 되는대로 반응하는 대신 곰곰이 생각해보고 숨을 가다듬을 수 있는 시간을 가질 수 있지.

제멋대로 반응할 것인가, 신중하게 대응할 것인가

기분에 반응한다는 건 그다지 깊이 생각하거나 행동을 인식하지 않고 얼른 반응하는 걸 의미해. 우리는 제멋대로 생각 없이 반응하다가 스스로에게 도움이 되지 않거나 다른 사람들의 기분을 상하게 하는 선택을 해버리는 때도 있어. 그러한 반응의 예로는 고함을 지르거나 뭔가를 한 대 치는 행동이 있지.

기분에 제멋대로 반응하는 또 다른 예로는 뭐가 있을까?

기분에 신중하게 대응한다는 건 차분함을 유지하면서 행동하기 전에 생각한다는 의미야. 찬찬히 생각하며 기분에 대응할 때 보통 우리가 자기 자신과 다른 사람들의 기분이 더 나아지는 데에 도움이 되는 선택으로 이어지지. 신중하게 대응하는 예로는 상대방에게 내 기분을 차분하게 표현한다든지, 말이나 행동을 하기 전에 열까지 세는 방법이 있어.

기분에 신중하게 대응하는 또 다른 방법에는 뭐가 있을까?

폭풍의 징조

일기 쓰기 연습은 감정의 폭풍이 몰려오고 있다는 징조를 잘 알아차리는 데에 도움이 돼! 우리의 마음과 몸은 격렬한 감정이 덮치려 한다고 알려주기 위해 신호를 보내. 우리가 이런 신호를 더욱 잘 알아챌수록, 그 감정이 나타났을 때 깊이 생각하고 더욱 훌륭히 대응할 수 있게 된단다. 생각 없이 기분에 따라 반응했던 경험이 기억나니? 아마도 너무 화가 나서 의도와는 다르게 가시 돋친 말을 했을 수도 있어. 아니면 숙제를 하다가 좌절해서 책을 거칠게 덮어버렸을 수도 있지.

생각 없이 반응했던 경험을 써보자.

화가 나거나 좌절할 때, 또는 짜증이 날 때 네 몸은 어떤 신호를 보내니?

화가 나거나 좌절할 때, 또는 짜증이 날 때 네 마음은 어떤 신호를 보내니?

한숨도 현명하게!

이 숨쉬기 연습은 우리가 분노나 좌절감을 내보내서 마음을 차분하게 가라앉히기 위해 하는 거야. 마음이 차분해지면 까다로운 기분이 솟아나더라도 신중하게 대응할 수 있게 되지.

우리의 기분과 몸에 접속하는 데에서 시작해보자. 지금 기분이 어떠니?

우선 바닥이나 의자에 앉아보자. 이 연습을 하려면 눈을 감아야 해. 한 손은 배 위에 올리고 다른 한 손은 심장 부위에 대자. 코를 통해 숨을 들이마시고 입을 통해 내쉬어. 숨을 내쉴 때는 엄청 큰 한숨을 쉬는 것처럼 해 봐. 큰 소리로 한숨 쉬고 싶다면 그래도 좋아! 커다랗고 시끄러운 한숨을 쉬며 공기를 내보낼 때 어떤 기분이 드는지 관심을 기울여 봐. 숨을 내쉴 때 분노나 좌절감도 함께 떠나보낸다고 상상해보자. 세 번 심호흡을 하면서, 공기를 내보낼 때마다 한숨을 쉬는 것처럼 하는 거야. 준비가 됐다면, 이제 천천히 눈을 떠도 좋아.

다시 한번 네 기분과 몸에 접속해보자. 이제는 좀 달라진 기분이 드니?

주먹 쥐고 손을 펴서

우리가 우리 몸을 알아챈다면 분노와 좌절 같은 격한 기분을 떠나보낼 수 있게 되지. 이러한 기분을 풀어서 내보낸다면 우리는 현명한 결정을 내려야 할 순간에 좀 더 의지대로 할 수 있게 돼. 먼저 주먹을 꽉 쥐는 걸로 시작하자. 3초 동안 주먹을 쥐고 있다가 펴는 거야. 손을 풀어줄 때 어떤 기분이 드는지 관심을 가져보자. 그다음으로 양손의 손가락 하나하나에 주의를 기울여 봐. 왼쪽 새끼손가락에 집중했다가, 오른쪽 새끼손가락에 집중해보는 거지. 왼쪽 집게손가락 다음엔 오른쪽 집게손가락이야. 왼쪽 엄지손가락 다음에는 오른쪽 엄지손가락이고. 손가락 하나하나에 계속 주의를 기울여봐.

다음의 빈칸에 손바닥 모양을 따라 그려보자. 펜이나 연필이 손가장자리를 따라 움직일 때 느껴지는 감각에 계속 집중해봐. 일단 손 그림을 그리고 나면, 마음이 차분해지는 색깔로 칠하면 돼.

한 걸음 한 걸음

가끔 격렬하고 까다로운 감정이 느껴질 때 우리가 할 수 있는 최선은 마음을 가라앉힐 공간을 조금 마련하는 거야. 마음이 차분해질 때 우리는 감정에 좀 더 신중하게 대응할 수 있고 현명한 결정을 할 가능성이 커지거든. 이 연습은 우리가 몸을 천천히 움직이는 동안 공간을 확보할 수 있게 도와줄 거야. 먼저 열 발자국을 아주 빠르게 뛰거나 달려봐. 열까지 소리 내어서 말하거나 속으로 세어도 돼. 열 발자국을 옮겨간 뒤, 한 손은 심장 위에 올리고 다른 한 손은 배에 대. 그리고 몸이 어떻게 느끼는지 관심을 기울여봐. 다시 한 번 열 발자국을 움직이는데, 이번에는 중간 정도까지 속도를 낮춰서 가보자. 열 발자국을 옮긴 뒤에 한 손은 심장 위에, 다른 한 손은 배에 대보렴. 이제 몸이 어떻게 느껴지는지 집중해봐. 마지막으로 열 발자국을 더 가되, 이제는 엄청나게 느린 속도로 가 봐. 발자국을 하나씩 옮길 때마다 숫자는 계속 세어야 해. 이 느리게 걷기를 한 뒤 몸이 어떻게 느껴지는지 보자. 더 차분해지는 걸 느끼니?

분노의 확언

감정은 마치 요란하게 쏟아져 내리는 산사태처럼 생겨날 때도 있어. 이런 일은 보통 우리가 기분을 밀어내거나 무시하려고 할 때 생기지. 우리가 우리 기분을 있는 그대로 받아들이는 방법을 배운다면, 그 기분은 그다지 크고 강하게 느껴지지 않을 거란다. 다음은 우리가 분노에 휩쓸리지 않고 있는 그대로 받아들일 수 있게 도와줄 몇 가지 확언이야.(잊지 마. 확언은 우리가 스스로에게 들려주는 긍정적인 메시지라는 걸.) 확언을 사용하면 우리는 자제력을 잃지 않고 신중한 결정을 내릴 수 있지.

다음번에 화가 나면 사용할 확언들에 동그라미를 쳐보자.

화가 나도 괜찮아.

내 분노를 누군가에게
전할 필요는 없어.

분노의 한숨을
쉴 수도 있지, 뭐.

이 분노도
지나갈 거야.

다음번에 화가 날 때 써볼 만한 또 다른 확언들을 떠올려볼래? 그 확언들을 여기에 써봐.

- -

- -

- -

- -

갈림길에서 선택하기

가끔 우리는 어떤 상황이 벌어질 때 결정을 내리거나 그에 대한 행동을 취해야 할 수도 있어. 결정이나 행동을 선택하기 전에 우리가 고를 수 있는 모든 길이나 선택지들을 생각해보면 도움이 될 거야. 스스로의 감정을 보듬기 위해서 어떤 선택을 하는 게 최선일까? 우리는 마음챙김을 통해 우리에게 열려 있는 모든 길을 보고 가장 도움이 된다고 생각하는 길을 고르는 시간을 가질 수 있단다.

다음의 빈칸에 친구나 가족과 다투게 됐을 때 선택할 수 있는 모든 길을
글로 쓰거나 그림으로 그려보자.

다음의 빈칸에 우리가 숙제나 시험을 망쳤을 때 선택할 수 있는 모든 길을
글로 쓰거나 그림으로 그려보자.

최근에 너를 화나게 하거나, 좌절하게 만들거나, 짜증나게 만든 또 다른 어려운 상황들을
떠올릴 수 있니? 그때 우린 어떤 길을 선택할 수 있었을까? 너는 어떤 길을 선택했니?
그 상황에 대해 다음 칸에 써보자.

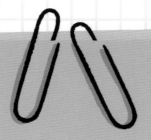

제 8 장

친절과 자비,
그리고 공감을
표현하자

우리를 향한 누군가의 사랑을 느꼈을 때, 아니면 우리가 다른 누군가에게 사랑을 느꼈던 때를 잠깐 떠올려보자. 그때 어떤 기분이 들었니? 아마도 위안을 얻고, 또 안전하다고 느끼면서 기분이 좋아졌을 거야. 수많은 면에서 마음챙김은 자기 자신과 다른 사람들에게 베풀 사랑과 친절을 키워나갈 수 있게 해줘. 이번 장에서 우리는 다른 사람들에 대한 공감 능력을 키워주면서, 한편으로는 우리가 우리 자신을 있는 그대로 받아들이고 자비를 느끼게 도와줄 도구와 연습 방법들을 만나보려고 해.

스스로에게,
그리고 다른 사람에게 친절하자

> 록산느는 최악의 하루를 보냈다. 점심시간에는 친구들이 모두 평소와는 다른 식탁에 앉았다는 걸 깨달았다. 록산느가 가까이 다가가 함께 앉아도 되는지 묻자, 친구들은 자리가 꽉 찼다고 대꾸했다. 록산느는 결국 혼자 앉아야 했고, 외로워서 마음이 아팠다.
>
> 점심을 먹은 뒤 록산느는 상처 입고 슬픈 기분을 밀어내려 계속 노력했지만, 그러한 기분은 가시지 않았다. 자기에게 잘못된 부분이 있다고 느꼈고, 그렇기 때문에 친구들이 함께 밥을 먹고 싶어 하지 않는 것이라고 생각했다.
>
> 록산느가 집에 돌아오자 엄마는 학교에서 별일 없었는지 물었다. 록산느는 "말하고 싶지 않아!"라고 소리를 지르며 방으로 뛰어 들어갔다. 엄마는 록산느의 이름을 부르며 쫓아갔지만, 왜 딸이 고함을 쳤는지 영문을 알 수 없었기 때문에 놀라고 당황했다.
>
> 록산느는 방에 들어와 울기 시작했고, 점심시간에 받은 상처와 슬픈 기분이 종일 자신을 쫓아다녔다는 것을 깨달았다. 록산느는 잠깐 동안 자기가 어떻게 느끼는지 살펴보고 왜 그렇게 느끼는지를 생각했다. 그리고 자기가 뒤떨어지는 사람처럼 느껴졌기 때문에 슬펐다는 것을 깨달았다. 이제는 자신의 생각과 기분을 파악했기 때문에 록산느는 깊이 숨을 들이마시고 혼잣말을 했다. '나는 내 모습 그대로 충분해.' 잠시 스스로를 짠하게 생각하는 시간을 가지자 기분이 더 좋아졌다.
>
> 몇 분 후 록산느는 아래층으로 되돌아가 엄마에게 말했다. "죄송해요. 최악의 하루를 보냈는데, 제가 제 기분을 돌보지 못했어요. 엄마에게 화풀이하려던 건 아니에요." 록산느와 엄마는 서로를 꼭 껴안았고, 록산나의 기분은 훨씬 더 나아졌다.

마음챙김이 멋진 이유 중 하나는 우리가 다른 사람들과 우리 자신에게 친절하게 굴 수 있다는 점이란다. 마음챙김은 우리의 경험을 옳거나 그르다고 판단하지 않고 있는 그대로 관심을 갖고 받아들이는 법을 배운다는 뜻도 돼. 마음챙김은 두 팔을 활짝 벌려 따뜻하게 자기 자신을 안아줄 수 있게 해줄 거야. 잠시 동안 우리의 기분과 생각에 관심을 기울이면서 스스로를 응원하고 배려하는 거지.

마음챙김 덕에 우리는 다른 사람들의 경험에도 호기심을 가질 수 있어. 다른 사람들에게 도움을 주고 싶다면 호기심을 가지는 게 좋아. 왜냐하면 그 사람들의 경험을 이해하려고 노력할 수 있게 용기를 주거든. 그러니까, 다른 사람들의 경험이 어떤지 궁금해질 거란 소리야. 그리고 이쯤에서 '짜잔' 하고 공감이 등장하지! 공감은 우리가 다른 사람의 입장이 되어서 그 사람들의 기분을 이해하고 경험을 함께 나누는 걸 의미해.

우리 자신에게 자비로운 마음을 가지고, 또 다른 사람들에게 공감을 베풀 때 우리는 감사함의 힘을 발휘하거나 고마움을 느낄 수 있어. 스스로의 경험에 감사할 때 우리는 좋은 경험이든 나쁜 경험이든 모든 경험에서 배우고 성장할 수 있다는 사실을 받아들이게 되지. 또한 감사함 덕에 우리는 매일매일 우리 자신과 다른 사람들을 보살피는 게 중요하단 사실을 기억할 수 있단다!

세상을 안아줘

바닥이나 의자에 자리를 잡고 앉아보자. 두 눈을 감고, 숨쉬기에 주의를 모아보자. 마치 너 자신을 안아주듯 두 팔로 네 어깨를 감싸보렴. 자기 자신에게 사랑과 위로를 전한다는 게 어떤 느낌인지 한번 살펴보자. 그다음으로 두 팔을 활짝 벌리면서 코를 통해 숨을 들이마셔 봐. 그리고 마치 주변의 공기를 감싸 안듯 팔을 몸 안쪽으로 오므리자. 이 세상에 사랑을 듬뿍 담은 안부 인사를 내보낸다고 상상하는 거야. 마음을 열고 사랑한다는 게 어떤 기분인지 한번 관심을 기울여봐. 입을 통해 숨을 내쉬면서 다시 두 팔을 어깨 쪽으로 잡아당기고 너 자신을 안아줘. 숨을 세 번 더 쉬고, 스스로를 안아주고, 또 세상을 안아주자. 마지막으로 한 손은 심장 위에, 다른 한 손은 배 위에 올려놓아. 안을 향해, 또 밖을 향해 사랑을 보낼 때 어떤 기분인지 주목해보자.

친절한 인사를 보내요

앉아도 좋고 누워도 좋아. 잠시 편안한 자세를 찾아서 해보자. 두 눈을 감아. 주변에서 들리는 소리, 그리고 의자나 바닥, 또는 네가 누워 있거나 앉아 있는 그 어딘가가 네 몸을 받쳐주는 감각에 집중해봐. 이 순간에 너 자신과 함께 있다는 게 어떻게 느껴지는지 관심을 가져보자. 네가 아주 많이 마음이 쓰이는 사람에게 주의를 모아보며 시작할게. 이 사람에 대해 생각할 때 어떤 기분과 감각, 생각들이 떠오르는지 생각해보렴. 이 사람에게 친절한 소망이 담긴 인사를 전한다고 상상해보자. "네가 즐거움을 알고, 평화를 알고, 또 스스로가 가치 있는 사람이란 걸 알길 바라."라고 말이야. 이 사람에게 친절한 인사를 전하는 게 어떻게 느껴지는지 한번 관심을 가져보자. 이제 너를 좌절시키거나 짜증나게 만드는 누군가를 마음속에 떠올려봐. 이 사람에 대해 생각할 때 어떤 기분이나 감각, 생각이 떠오르는지 주목해보자. 다시 한번, 이 사람에게 친절한 소망이 담긴 인사를 보낸다고 상상해보는 거야. "네가 즐거움을 알고, 평화를 알고, 또 스스로가 가치 있는 사람이란 걸 알길 바라."라고 하는 거지. 이제 이 사람에게 다정한 인사를 전하는 게 어떻게 느껴지는지 살펴보자. 마지막으로, 너 자신의 모습을 마음속에 떠올려봐. 네 모습을 그려보았을 때 어떤 기분과 감각, 생각이 떠오르는지 관심을 가져봐. 이번에는 스스로에게 친절한 소망이 담긴 인사를 보내보자. "네가 즐거움을 알고, 평화를 알고, 또 스스로가 가치 있는 사람이란 걸 알길 바라." 이렇게 친절한 인사를 스스로에게 보내면 어떤 기분이 드는지 주목해보렴.

네가 아주 많이 마음을 기울이는 사람에게 친절한 소망이 담긴 인사를 보내보니 어떻게 느껴졌니?

너를 좌절시키고 짜증나게 만드는 사람에게 친절한 소망이 담긴 인사를 보내보니 어떻게 느껴졌니?

하트를 채우자

너는 어떤 사람과 활동, 물건을 좋아하니? 네 마음에 담긴 모든 것들을 다음의 하트 안에 빼곡하게 채워보자. 색깔이든, 그림이든, 글자든 마음껏 써봐도 좋아.

가장 소중한 친구에게 쓰는 편지

자기 자신에게 자비심을 가진다는 건 우리가 가장 친하고 소중한 친구에게 하는 것과 똑같이 스스로를 존중하고 친절하게 대한다는 의미야. 하지만 절친에게 말하는 방식은 너 자신에게 말을 거는 방식과 약간 다르다는 걸 눈치 챘니? 마치 네가 너의 절친인 것처럼 자기 자신에게 편지를 써보자. 너에게 어떤 점이 고맙다고 말해주고 싶니? 어떤 장점을 가졌다고 꼽을 수 있을까? 성격에서는 어떤 좋은 점을 짚어주고 싶니? 어떤 점이 자랑스럽다고 말해줄 수 있을까?

나에게

사랑을 담아,

상처받은 나에게 내미는 손

자기 자신에게 도움의 손길을 내밀기 위해서는 무엇에 상처받았는지 밝혀낼 수 있어야
해. 그러고 나면 기분이 나아지기 위해 무엇을 할 수 있는지 자기 자신에게 물을 수 있
단다.

> 네 안의 상처받은 네가 말을 건넨다면, 어떤 단어와 기분으로, 그리고 그림으로 표현하려
> 할까? 네 안의 상처 받은 너는 무슨 말을 건네고 싶을지 그림이나 글로 나타내보자.

네 안의 상처 받은 너는 어떻게 해야 기분이 나아질까? 응원이나 격려의 말이 필요할까? 숨쉬기 연습이 도움이 될까? 몸을 움직이는 게 나을까? 네 안의 상처 받은 너를 돌보기 위해 어떻게 할 것인지 그림으로 그리거나 글로 써보자.

보살핌의 말을 들려주자

우리가 스스로에게 친절해질 수 있는 가장 효과적인 방법 중 하나는 힘든 상황이 닥쳤을 때 어떤 기분인지 확인하고 뭔가 배려와 인정이 넘치는 말을 스스로에게 들려주는 거야. 다음의 표를 보고 까칠하고 비판적인 말을 대체할 수 있는 다정하고 친절한 표현들을 찾아보자. 그러고 나서 나만의 말도 떠올려보는 거야.

이런 말 대신	이런 말을 하자
"난 부족하니까."	"나 정도면 괜찮지."
"난 실패자야."	"이런 흠도 있어야 인간적이지."
"그 누구도 나를 이해하지 못해."	"원래 다 싸우면서 친해지는 거야."
"나는 이런 기분이 드는 게 싫어."	
"아무도 내게 관심이 없어."	

감사 쪽지 보내기

너와 인생을 함께 하는 이들에게 그 사람들이 얼마나 중요한 존재인지 표현해보자. 너와 상대방 모두 즐거운 기분, 또 사랑받는다는 느낌을 가지게 될 거야. 다음에 나오는 그림을 활용해서 인생에서 중요한 사람 네 명에게 감사의 쪽지를 써보렴. 무엇에 감사하는지, 그 사람이 어떻게 너를 지지해주는지, 그리고 그 사람 덕에 왜 네가 행복한지 말해보자.

팁 : 네가 쓴 감사 쪽지 네 장을 각각 사진으로 찍어서 중요하고 소중한 이들에게 보내면 돼.

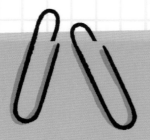

제 9 장

하루를 힘차게
마무리 짓자

또 하루가 끝났어! 가끔 우리는 밤에 안절부절못하고 산만해지거
나 낮 동안 벌어진 일들에 계속 끌려 다니는 기분이 들 수 있어.
그런 느낌 가져봤니? 우리는 잠자리에 들기 전에 곰곰이 생각해
보고 차분해지기 위해 언제나 마음챙김에 의지해볼 수 있어. 마
음챙김은 몸의 긴장을 풀어주고 분주한 생각을 정리해주니까, 우
리는 쉽게 잠이 들고 필요한 만큼 휴식을 취할 수도 있어. 이번 장
에서 우리는 몸의 긴장을 풀고 마음을 차분하게 가라앉힐 수 있
는 다양한 연습들을 살펴보려고 해.

가끔 우리는 그저 너무 많은 생각에 빠지지

> 마야는 잠이 오지 않아 애를 먹었다. 여러 가지 많은 생각과 걱정들로 마음이 번잡했고, 그러니 계속 눈이 말똥말똥했다. 마야는 자기 생각과 걱정들을 떨쳐버리려고 노력했지만 머릿속은 더욱 소란해졌을 뿐이었다.
> 마야는 생각과 걱정을 떨쳐내는 일이 효과가 없음을 깨달았다. 따라서 자기 몸이 어떻게 느끼고 있는지에 집중해보려고 몸을 훑어보는 연습을 해보기로 결심했다. 몸에 관심을 기울여 보자 자기 몸이 얼마나 피곤한지 깨닫게 됐고, 그러자 생각과 걱정들이 진정됐다. 마음이 차분하게 가라앉은 마야는 마침내 잠이 들 수 있었다.

두 눈을 감고 잠자리에 들려고 하는 네 모습을 떠올려봐. 오늘 아침 일찍 잠에서 깼고, 학교에서는 바쁜 하루를 보냈으며, 방과 후 활동에도 참여하고, 또 저녁에는 숙제를 하느라 시간을 보냈어. 이제 마침내 휴식을 취하며 가만히 있을 수 있게 됐지. 몸이 어떻게 느끼니? 어떤 감정이 드니? 어떤 생각을 하니?

아마도 오늘 종일 벌어졌던 여러 가지 다른 사건들을 떠올리면서 여러 복잡미묘한 감정이 든다는 걸 깨달을 거야. 몸은 피곤하지만 마음은 여전히 분주하고 여러 생각들이 소용돌이치는 거지. 어쩌면 낮 동안 벌어졌던 특정한 일, 아니면 내일 일어날 일 같은 것을 끈덕지게 생각하고 있을 수도 있어. 어떤 이유에서든 하루가 끝날 무렵에는 잠깐 시간을 내서 우리의 주의력을 현재의 순간으로 바꿔놓고 잠자리에 들기 전에 진정되는 게 중요해.

마음챙김으로 우리는 하루를 마치면서 긴장을 풀고 차분해질 수 있어. 저녁 시간은 우리의 몸과 생각, 숨결에 접속할 수 있는 아주 기막히게 좋은 때지. 심지어 매일 저녁에 규칙적으로 마음챙김 연습을 할 수도 있어. 잠자리에 들기 전에 마음챙김을 연습하는 일은 잠을 푹 자는 데에 도움이 된단다. 우리는 앞으로 몇 페이지에 걸쳐 감사함과 평화로 하루를 끝낼 수 있게 해주는 차분한 마음챙김 연습을 만나볼 거야.

위로의 숨결

잠시 시간을 내어 자기 자신에게 접속하자. 어떤 기분이 드니?

의자나 바닥에 자리를 잡고 앉자. 눈을 감거나 시선을 낮추도록 해. 이 연습을 하려면 두 손을 심장 위에 둬야 해. 오늘 네게 기쁨이나 평화를 주었던 경험을 머릿속에 불러오자. 잠깐 시간을 가지고 이 경험에 감사하다고 느껴보는 거야. 코를 통해 숨을 들이쉬면서 혼잣말을 해. "나는 감사함을 들이마시고 있다." 그다음으로는 입으로 숨을 내쉬면서 혼 잣말을 하는 거지. "나는 느긋함을 내쉬고 있어." 세 번 심호흡을 하면서 감사함을 들이 마시고 느긋함을 내쉬자.

잠시 동안 다시 너 자신과 접속하자. 이제 이 연습을 하고 나니 어떻게 느껴지니?

달의 만트라

하루의 끝에 긴장을 풀고 느긋해질 수 있는 한 가지 방법은 만트라를 외우며 정신을 모아보는 거야.(만트라는 명상을 하면서 여러 번 반복해서 말하는 단어나 문장이란다.)

오늘밤 사용할 만트라를 골라봐.

숨을 들이마시고
숨을 내쉰다.

나는 차분하고
느긋하다.

내 마음은
평화롭다.

내 하루를 천천히
떠나보내는 중이다.

나는 내일이
기대된다.

네가 선택한 달의 만트라를 나타내는 그림을 그려봐.

마음을 차분히 가라앉히고 긴장을 풀어주는 색깔과 모양, 디자인을 써보자.

비틀고 펴고

잠자리에 들기 전, 긴장을 풀어줄 모양과 자세로 부드럽게 스트레칭하고 움직이면서 몸을 차분히 진정시키는 것도 좋아. 먼저 침대나 바닥에 등을 대고 누워. 무릎을 가슴까지 끌어당긴 뒤 두 팔로 포옹하듯 감싸자. 무릎을 좀 더 단단히 안으면서 코로 숨을 들이마시렴. 그리고 숨을 내쉬면서 무릎은 오른편으로 내리고 고개는 왼편으로 돌리는 거야. 이 자세로 1분이나 2분 동안 머물러 있자. 그다음 다시 무릎을 가슴팍까지 올리고 코로 숨을 들이마시는 동안 두 팔로 무릎을 감싸도록 하자. 이번엔 숨을 내쉬면서 무릎은 왼편으로 내리고 고개는 오른편으로 돌리는 거야. 이 자세로 1분이나 2분 동안 가만히 멈춰 있어 봐. 준비가 됐다면 다시 무릎을 가슴으로 끌어당기고, 코로 숨을 들이마셔. 그리고 숨을 내쉴 때 다리와 팔을 쭉 뻗어. 이제 등에 닿은 침대나 바닥이 너를 받쳐주는 느낌이 어떤지 주목해봐.

생각의 흐름

이 시각화 연습은 잠자리에 들기 전에 생각과 마음을 가라앉히는 데에 도움이 돼.(시각화는 우리가 마음속에 그리는 그림이라는 걸 다시 기억해보자.) 등을 대고 누워서 편안한 자세를 취해 봐. 두 눈을 감아. 잠시 동안 머릿속에 문득 떠오르는 아무 생각에나 집중하자. 과거의 일이 생각나니? 아니면 미래의 일? 어쩌면 어떤 일이 벌어질지도 모른다고 걱정하고 있니? 이러한 생각들을 떠올리는 게 어떤 기분인지 살펴보자. 이제 네가 잔잔하게 흐르는 시냇물 옆에 앉아 있다고 상상해보렴. 시냇가 근처에 가면 어떤 소리를 듣고 무엇을 볼 수 있을지 한번 떠올려보자. 그리고 잔잔하게 흐르는 시냇가에 앉아 있는 게 어떤 느낌일지 잠깐 시간을 가지고 주목해보는 거야. 그다음으로 네 생각들도 물을 따라 같이 흐르고 있다고 상상해. 어떤 생각이 머릿속에 떠오를 때마다 그 생각을 물 위에 띄우고 시내를 따라 흘러가 버리는 모습을 지켜보는 거지. 네 생각이 흘러가는 모습을 지켜보는 건 어떤 느낌이니? 아마도 물을 따라 흘러가는 생각의 개수가 점점 더 적어지는 걸 눈치챌 수 있을 거야. 심지어 생각이 단 한 개도 흘러가지 않는 순간도 생길걸?! 이제 다시 시내에는 물만 흐르고, 네 마음은 맑고 고요해졌어.

어떤 생각들을 시냇물에 띄워 보냈니? 다음의 빈칸에 네 생각의 시냇물을 그려보자.

달빛으로 몸을 감싸면

이번에 해볼 몸을 훑어보는 연습은 몸에서 스트레스를 내보내고 잠이 들 준비를 마치는 데에 도움이 된단다. 편안히 누운 자세를 취해봐. 눈은 감아. 네 위로 달이 빛나고 있다는 상상을 해보자. 잠깐 동안 달빛이 어떤 색깔로 빛나는지 그림을 그려보렴. 아마도 부드러운 하얀 색이라든가, 옅은 파란 색이라든가, 아니면 따뜻한 노란 색으로 빛나고 있을 수 있어. 네 마음을 진정시켜주고 긴장을 풀어주는 색을 골라 봐. 이제 숨을 내쉬면서 달빛이 네 몸 위로 천천히 쏟아진다고 생각해. 발과 발가락부터 시작하는 거야. 달빛이 점점 네 몸 위를 훑으며 쏟아지니, 몸 구석구석이 묵직하고 나른하게 느껴지네. 들숨과 날숨을 계속 이어가. 달빛이 다리를 타고 올라와서 배 부위를 지나 손과 팔, 어깨까지 움직이고 있어. 숨 쉬는 박자에 맞춰 달빛이 계속 몸을 훑고 올라오면 몸에서 모든 긴장을 풀어져 나가게 해 봐. 머리끝까지 전부 말이야. 준비가 됐다면, 이제 살그머니 눈을 떠 봐.

다음의 빈칸에 네가 상상했던 달의 모습을 그려봐.

달빛이 몸을 훑고 지나간 뒤 몸이 어떻게 느껴지니?

감정의 명상

이 명상 연습은 우리가 낮 동안 느낀 감정들을 되돌아볼 때 쓰여. 편안한 자리를 찾아 앉은 뒤에 눈을 감아. 오늘 너를 버겁게 만들었던 기분을 떠올리자. 어쩌면 짜증이 났을 수도, 좌절했거나, 슬펐거나, 두려웠을 수도 있어. 그 힘겨운 기분을 다시 떠올렸을 때 몸에 일어나는 감각을 눈여겨보렴. 이제 매번 숨을 들이마실 때마다 이 기분을 담아둘 공간을 만든다고 상상해. 그리고 숨을 내쉴 때마다 이 기분과 너 자신을 짠하고 안타깝게 여기는 거야. 잠깐 멈추고 이 기분에 내어줄 공간을 만들어주자. 들숨에 받아들이고, 날숨에 자비를 베풀고. 그다음으로 오늘 기쁨을 안겨준 경험이나 기분을 생각해보자. 아마도 친구와 시간을 보냈을 수도 있고, 네가 좋아하는 활동을 했을 수도 있어. 이 즐거운 기분을 되새길 때 어떤 감각이 네 몸에 찾아왔는지 관심을 가져봐. 다시 한번, 숨을 들이마실 때마다 이 기분을 담아둘 공간을 만들어낸다고 상상하자. 그리고 숨을 내쉴 때마다 이 기분이나 경험에 감사함을 표하는 거야. 잠깐 동안 이 숨이 머물 공간을 만들어주자. 들숨에 받아들이고, 날숨에 감사하고. 이제 다시 네 숨결과 몸으로 주의를 돌리자.

어떤 기분이 너를 힘들게 만들었니?

어떤 기분이나 경험이 네게 즐거움을 선사했니?

오늘, 지금 이 순간, 그리고 내일

잠시 시간을 가지고 과거에 무슨 일이 있었는지, 지금 이 순간 어떤 기분이 드는지, 그리고 미래에 무엇을 기대하는지 되돌아보는 건 좋은 일이야. 다음의 문장을 완성시켜보자.

오늘 나는 어땠냐면

지금 이 순간 내 기분은

나는 내일이 기대돼. 왜냐하면

마음챙김 연습은 계속된다!

축하해! 드디어 이 워크북을 끝냈구나!

가장 첫 장부터 짚어보며 우리의 마음챙김 여정이 어땠는지 되돌아보는 시간을 가져보자. 눈을 감고 처음 이 워크북을 펼쳤을 때를 생각해봐. 어쩌면 망설여지는 기분이 들었을 수도 있고, 아니면 신이 나고 기대가 됐을 수도 있어. 아마도 어떤 특별한 이유에서 마음챙김이 도움이 되었으면 좋겠다고 바랐을 수도 있고, 스스로 목표를 세웠을 수도 있어. 아니면 그저 저마다의 색깔이 뚜렷한 연습들을 하나씩 들여다보고 재미있는 시간을 보내고 싶었을 수도 있지!

제1장부터 제9장까지 책을 후루룩 넘겨본다고 생각해보자. 각 장을 탐색하면서 어떤 기분이 떠올랐니? 생활 속에서 벌어진 어떤 상황에 대처할 때 이 책으로 배운 내용을 활용해봤니?

이제 마지막 페이지까지 읽어봤으니 첫 페이지부터 얼마나 많은 것들을 보고 배웠는지 생각해보자. 우리는 마음챙김의 마법을 배우면서 우리가 산뜻하게 하루를 시작하고, 집중력을 모으고, 기분을 알아차리고, 걱정들을 헤쳐 나갈 때 마음챙김이 어떻게 도움이 되는지 알게 됐어. 그리고 마음챙김 덕에 힘겨운 상황에서 차분함을 유지하고, 더 현명한 결정을 내리고, 스스로와 다른 사람들에게 다정하게 행동하고, 또 긍정적으로 하루를 마무리 지을 수 있다는 것도 배웠지.

이 책에서 특히나 도움이 되거나, 아니면 오히려 어려움을 더 안겨준 부분이 있니? 마음챙김의 여정을 함께 하면서 놀랐던 점은? 다음의 빈칸에 네 경험을 자세히 써보도록 하자.

이제 이 책을 덮더라도 마음챙김 여정은 계속될 거야. 우리는 여러 가지 활동들을 해나가면서 우리의 기분과 생각, 행동을 좀 더 알아차릴 수 있게 됐지. 우리 자신에 대해 몰랐던 부분까지 깨닫게 됐을 수도 있어!

이 책으로 배운 모든 도구와 연습을 학교에서, 집에서, 그리고 다른 친구들과의 관계에서 잘 활용해보길 바라. 이제 우리는 마음챙김을 연습할 수 있는 다양하게 많은 방법들을 배웠으니까. 이 책에 담긴 연습들을 계속 써도 좋고, 아니면 너만의 방법으로 새로 만들어도 좋아. 창의력을 마음껏 발휘해보렴! 기억해. 마음챙김은 우리가 몸의 안과 밖에서 일어나는 일들을 알아차릴 수 있게 도와주는 훈련이야. 또 마음챙김은 우리가 우리의 경험을 떨쳐내려고 애쓰거나 잘못됐다고 생각하는 대신 있는 그대로 받아들이게 해주지.

매일매일 마음챙김 연습을 계속해줘. 스스로에게 "지금 나는 무엇에 주목하고 있지?"라고 묻는 것만으로도 언제든 마음챙김의 순간으로 접어들 수 있단다. 그렇게 하면 우리 주위를 둘러싼 세계에 호기심을 가질 수 있고, 또 우리 자신과 다른 사람들에게 자비심을 가질 수 있게 돼.

또다시 마음챙김의 여정을 떠날 친구들에게 행운을 빌게!

친구들을 위한 추천자료

요가와 마음챙김을 위한 카드놀이

Yoga and Mindfulness Practice for Children or Teens

　－ Little Flower Yoga

이 카드는 집이나 바깥에서 마음챙김 연습과
요가를 해볼 수 있는 완벽한 방법이 되어준단다.
다양한 요가와 명상, 숨쉬기 활동들을 소개하고
있어.

Yoga Pretzels: 50 Fun Yoga Activities for Kids and Grownups

　－ 타라 구버(Tara Guber), 레아 칼리쉬(Leah Kalish)

이 카드가 있으면 요가의 움직임을 통해
마음챙김 연습을 할 수 있어.
다양한 마음챙김의 움직임과 숨쉬기 연습들을
만나볼 수 있어.

어플

Headspace App for Kids

Headspace.com/meditation/kids

휴대폰이나 태블릿에 이 어플을 다운받아서
사용하는 거야.(부모님의 도움이 필요할 수도 있어.)
재미있는 마음챙김 비디오들과 명상 연습
가이드들이 들어 있어.

Stop, Breathe and Think App for Kids

StopBreatheThink.com/kids

이 어플은 딱 너희 같은 친구들을 위해
만들어졌고, 어떤 기분인지에 따라 특별한
마음챙김 연습들을 해볼 수 있단다. 진짜 멋지지!

책

Alphabreathes: The ABCs of Mindful Breathing

　－ 크리스토퍼 윌라드(Christopher Willard),
　　 대니얼 렉트샤펜(Daniel Rechtschaffen)

이 그림책은 마음챙김 호흡법의 기초를 알려주면서
숨쉬기가 지닌 효과를 알려주는 재미있고 유쾌한
가이드북이야.

I am Human(A Book of Empathy)

　－ 수전 베르데(Susan Verde)

이 아름다운 책을 보면 자기 자신과 다른 사람들의
모든 부분에 공감과 자비를 베푸는 것이 얼마나
큰 힘이 되어주는지 알 수 있어.

The Mindfulness Coloring Book

　－ 엠마 파라론스(Emma Farrarons)

이 책은 미술 활동과 마음챙김 컬러링으로 마음챙김
연습을 할 수 있게 도와줘. 우리가 집중력을 모으고
몸을 진정시킬 수 있는 즐거운 방법이지.

This Moment is Your Life (and So Is This One)

　－ 마리암 게이츠(Mariam Gates)

이 알록달록 예쁜 책은 마음챙김의 기본을 알려주고
나만의 마음챙김 연습을 할 수 있는 여러 다양한
아이디어들을 제시해준단다.

부모, 교사, 상담사들을 위한 추천자료

웹사이트

Little Flower Yoga
LittleFlowerYoga.com
리틀 플라워 요가는 교육자와 의사, 가족들을
위해 온·오프라인으로 마음챙김 퍼실리테이터
훈련프로그램을 제공합니다.

Mindful Schools
MindfulSchools.org/training/mindfulness-
fundamentals
마인드풀 스쿨스는 아동과 청소년들을 위해
마음챙김 연습을 수업 시간에 적용하고 싶은
교육자들을 위한 온라인 훈련프로그램을
제공합니다.

Stop, Breathe and Think for Educators
StopBreatheThink.com/educators
스톱, 브리드, 씽크 어플은 교육자들이 학생들을
위해 활용해볼 수 있는 마음챙김 활동과 요가,
게임들을 무료로 소개하고 제공합니다.

책

카밧진 박사의 부모 마음공부(Everyday Blessings)
– 존 카밧진, 마일라 카밧진
이 책은 마음챙김의 양육을 소개하고, 양육자의 입장에서
활용할 수 있는 다양한 마음챙김 연습들을 제공합니다.

**Growing Up Mindful: Essential Practices
to Help Children, Teens, and Families Find
Balance, Calm and Resilience**
– 크리스토퍼 윌라드(Christopher Willard)
이 책은 부모와 전문가들에게 청소년들에게 마음챙김의
롤 모델이 되고 그 기술을 가르쳐주는 방법들을
소개합니다.

**Happy Teachers Change the World: A guide
for Cultivating Mindfulness in Education**
– 틱낫한, 캐서린 위어(Katherine Weare)
이 책은 교육자들에게 마음챙김의 중요성을 개략적으로
설명하고 교사들이 언제든 활용할 수 있는 마음챙김
연습을 소개합니다.

받아들임(Radical Acceptance)
– 타라 브랙
마음챙김 연습, 그리고 자기수용과 보살핌의 힘을
아우르는 이 책은 일상 속 마음챙김의 힘을 아름다운
문체로 소개합니다.

아직도 내 아이를 모른다(The Whole Brain Child)
– 대니얼 시겔
이 책은 한창 성장하는 아이의 마음을 보살피고 가족
전체가 성장할 수 있게 도와줄 수 있는 여러 가지
마음챙김 전략을 대략적으로 보여줍니다.

감사의 글

이 책을 쓸 기회를 누릴 수 있어서 벅차고도 감사한 마음입니다. 그리고 제 꿈이 현실이 될 수 있는 기회를 안겨준 칼리스토 미디어에 감사를 전합니다.

제 가족과 친구들, 그리고 사랑하는 이들의 지지와 응원이 아니었다면 이 책은 나올 수 없었을 거예요. 엄마, 아빠, 카이트, 저스틴, 오티스, 새미 – 이 기나긴 여정에서 나를 빛으로 채워주고 한 걸음 한 걸음을 지지해줘서 감사합니다.

마지막으로, 이 프로젝트는 저의 학생들과 환자들이 아니었다면 이뤄질 수 없었을 겁니다. 여러분이 응원받고, 치유 받고, 성장할 수 있는 공간을 내어줄 수 있었던 것은 제게 정말로 큰 영광이었습니다. 여러분들이 진정한 제 스승이에요.

지은이

한나 셔먼(Hannah Sherman)

미국 브루클린 지역을 기반으로 전문 임상사회사업가이자
마음챙김 지도자로 활동하고 있다. 또한 교내
사회복지사이자 민간 심리치료사로서 아동들과 청소년,
그리고 성인들이 치유받고 성장할 수 있도록 지원하고 있다.
한나는 아동요가 및 마음챙김 지도자로 일하면서 어린
친구들이 자신의 몸과 마음을 호기심과 자비심을 가지고
이 세상을 경험할 수 있는 탐색 도구로 활용할 수 있게
도와준다. 또한 인간의 행복과 안녕에 대한 전인적인
관점을 가지고, 아이들이 자기 몸과 긍정적으로
연결되고 마음으로부터 힘을 얻는다고 느낄 수 있게
지원하는 일에 열정적으로 임하고 있다.
한편, 한나는 교사와 정신건강전문가들을 포함한 다양한
전문가들을 돕기 위해 교육기반 워크숍과 역량구축을 위한
전문적인 개발 워크숍을 제공하고 있다. 또한 뉴욕시의
학교들을 위해 마음챙김 기반 프로그램과 커리큘럼을
개발하고 실시하며, 보육 현장에서 마음챙김을 적용하고
싶어 하는 위탁양육자들에게 자문 서비스를 제공한다.
한나의 접근방식과 제공 서비스에 대해 더 자세히 알고
싶다면 웹사이트 HannahSherman.com을 방문하거나
인스타그램의 @HannahShermanTherapy 계정을
팔로하면 된다.

옮긴이

김문주

연세대학교 정치외교학과 졸업 후 연세대학교
신문방송학과 석사를 수료하였다. 현재 번역에이전시
엔터스코리아에서 전문 번역가로 활동하고 있다.
『마음챙김과 비폭력대화』, 『불안에 지지 않는 연습 :
내 안의 불안을 다스리는 방법』, 『물어봐줘서 고마워요 :
비명조차 지르지 못한 내 마음속 우울에 대하여』,
『굿바이 불안장애 : 불안 극복을 위한 6단계 실천
프로그램』 등 여러 권의 책을 번역했다.

어린이를 위한
마음챙김 워크북

2021년 12월 6일 초판 1쇄 발행
2023년 7월 18일 초판 2쇄 발행

지은이 한나 셔먼(Hannah Sherman) · 옮긴이 김문주
발행인 박상근(至弘) · 편집인 류지호 · 편집이사 양동민
편집 김재호, 양민호, 김소영, 최호승, 하다해 · 디자인 쿠담디자인
제작 김명환 · 마케팅 김대현, 이선호 · 관리 윤정안
콘텐츠국 유권준, 정승채
펴낸 곳 불광출판사 (03169) 서울시 종로구 사직로10길 17 인왕빌딩 30호
      대표전화 02) 420-3200 편집부 02) 420-3300 팩시밀리 02) 420-3400
      출판등록 제300-2009-130호(1979. 10. 10.)

ISBN 978-89-7479-958-8 (03590)
값 16,000원